AF560904

Kreatives Kochen

für Papageien, Sittiche & Menschen

Selbstgemachte Leckereien, die Vogelhaltern und Gefiederten Freude bereiten!

Inhalt

Nehmen Ihre Sittiche oder Papageien liebend gern eine Mahlzeit mit Ihnen zusammen am Tisch ein, wie es sich für Familienmitglieder gehört? Besteht dann das Problem, dass die dort liebevoll in einem Schälchen angebotene vogeltaugliche Frisch- oder Körnerkost verschmäht wird und stattdessen eine nervige Schlacht um die Teller mit dem verlockenden, aber verbotenen „Menschenessen" tobt? Haben Sie aufgrund Ihrer Kinder oder Ihres Berufs nicht genügend Zeit, um zusätzlich aufwendig für Ihre Tiere zu kochen oder zu backen?

In diesem Buch finden Sie Abhilfe. Auf den folgenden Seiten gibt es zahlreiche Anleitungen für gesunde Speisen und Getränke. Diese werden sowohl Ihren gefiederten Lieblingen als auch Ihnen schmecken. Ein besonderes Plus: Sie müssen nur einmal die benötigten Zutaten kaufen und verarbeiten. Es sind lediglich leichte Abwandlungen nötig, die im Handumdrehen erledigt sind. Für das gemeinsame und entspannte Mahl ist dann alles wunderbar vorbereitet.

Sie müssen kein Meisterkoch sein, um die Köstlichkeiten zubereiten zu können. Es erwartet Sie keine schwierige „Haute Cuisine", sondern gute und bodenständige Hausmannskost, die nach Jahreszeiten sortiert Anregungen gibt. Die Rezepte sind in verschiedene Schwierigkeitsstufen eingeteilt und entsprechend markiert.

Sämtliche Gerichte wurden von meinen beiden Rostkappenpapageien namens „Erna" und „Oscar" vorgekostet und für sehr gut befunden. Selbstverständlich gab es auch unabhängige Testesser wie den Wellensittich „Ole", der dem Gurke-Fenchel-Süppchen nicht widerstehen konnte oder das Rosenköpfchen „Fran", welches gern von den Kokosplätzchen genascht hat. Die jeweiligen Lieblingsrezepte sind extra gekennzeichnet, und vielleicht werden diese demnächst auch zu den Favoriten Ihrer Vögel zählen.

Viel Spaß beim Zubereiten und gemeinsamen Genießen der Speisen!

Herzlichst
Ihre Diana Eberhardt

Nützliches und Wissenswertes

Am Anfang steht der Einkauf, Foto: Diana Eberhardt

Bevor Sie mit dem Einkaufskorb den Wochenmarkt oder die regionalen Geschäfte unsicher machen, möchte ich darauf hinweisen, dass die in diesem Buch genannten Zutaten und Rezepte grundsätzlich für gesunde Vögel geeignet sind. Besitzern von anfälligen oder erkrankten Tieren ist eine vorherige Rücksprache mit dem vogelkundigen Tierarzt angeraten. Bitte erkundigen Sie sich auch nach eventuellen speziellen Ernährungsweisen, wie man sie z. B. für Loris findet. Beachten Sie zudem, dass die zubereiteten Speisen lediglich eine Ergänzung zum täglichen Futter darstellen und die Grundnahrung, vor allem die Frischkost, nicht ersetzen.

1.1 · Kleiner Leitfaden

Die nachfolgenden Basisgerichte sind rein vegan, und die Grundrezepte kommen ohne tierische Eiweiße, zugesetzten Zucker, Honig, Fett, Öl, Backtriebmittel und Soja aus. Jeder Halter kann selbstverständlich entscheiden, ob er diese Lebensmittel dennoch verwenden möchte. Hierzu ein paar Anmerkungen:

- Eine zerquetschte Banane bzw. ein geriebener Apfel ersetzt in den Anleitungen jeweils ein Ei, wodurch das Gebäck jedoch fester und nicht so luftig - wie gewohnt - wird. Wer seinen Tieren Eier anbieten möchte, bereitet bei den infrage kommenden Rezepten die jeweils gesondert gekennzeichnete „Variante für den Vogelhalter" zu.
- Einige Vogelarten haben einen höheren Energiebedarf, z. B. Graupapageien, zu deren Nahrung im Freiland u. a. Palmnüsse zählen. In den entsprechenden Anleitungen finden Sie Hinweise, wenn Fette wie Palm-, Leinsamen- oder Hanföl hinzugefügt werden können. Generell sollte auf nachhaltige Bioprodukte zurückgegriffen werden.
- Die Süße der Speisen entsteht durch die Verwendung der in den Rezepten angegebenen Früchte bzw. deren Saft.

Ein positiver Nebeneffekt der zubereiteten Speisen besteht darin, dass Sie hierdurch kritische Esser unter den Vögeln spielerisch an neue Lebensmittel heranführen können. Lassen Sie Ihre Tiere bei den Vorbereitungen „helfen", indem sie z. B. naschen dürfen und dabei Freude haben. Durch die Interaktion wird außerdem das Zusammenspiel zwischen Vogel und Halter verbessert und vertieft. Sobald allerdings ein Messer oder ein eingeschalteter Herd bzw. geheizter Backofen ins Spiel kommt, müssen die gefiederten Mitbewohner aus Sicherheitsgründen die Küche verlassen.

Eine Löwenzahnblüte für die Doppelgelbkopfamazone, Foto: Diana Eberhardt

1.2 · Tour durch die Rezepte

Gesunder Hochstapler, Foto: Diana Eberhardt

In diesem Kapitel finden Sie praktische Ratschläge sowie eine übersichtliche Aufstellung der frischen Zutaten, die zur Zubereitung der Rezepte in diesem Buch verwendet werden. Bitte greifen Sie zugunsten der Gesundheit Ihrer Tiere auf Produkte in Bioqualität zurück, soweit dies möglich ist. Gedüngte oder gespritzte Ware muss geschält oder zumindest sehr gründlich unter fließendem warmem Wasser gereinigt werden.

Die Rezepte sind in unterschiedliche Schwierigkeitsstufen eingeteilt:

* leicht ** mittel *** schwierig

Bei einigen Rezepten finden Sie eine „Variante für den Vogelhalter“. Wenn diese nicht vermerkt ist, sind die Speisen unverändert auch für uns Menschen schmackhaft. Nach dem Kochen, Backen, Trocknen, Pürieren, Kühlen, Frosten, Vermengen, Zerkleinern und appetitlichen Anrichten steht dem kulinarischen Vergnügen nichts mehr im Wege!

PRAXISTIPP

Wenn Sie fachlich tiefer in die Materie eintauchen möchten, finden Sie weiterführende Informationen zum Thema „Ernährung“ im Sonderheft „Risiken und Lösungen in der Fütterung von Papageien und Sittichen“ der Fachzeitschrift PAPAGEIEN, außerdem im Fachbuch „Die Ernährung der Papageien und Sittiche“, beides erschienen im Arndt-Verlag, siehe www.arndt-verlag.de/shop

Anmerkung zu Antihaftbeschichtungen

Backöfen, Kochgeschirre, Waffeleisen, Sandwichmaker, Popcornmaschinen, Raclettes usw. mit Antihaftbeschichtungen bitte nicht im Beisein der Vögel benutzen. Werden diese auf über ca. 220 °C erhitzt, entstehen Dämpfe, die bei unseren Vögeln zum Tode führen können. Daher ist es dringend angeraten, die gefiederten Lieblinge während der Benutzung stets in einen anderen Raum zu bringen, die Türen zu schließen sowie während und nach dem Gebrauch der jeweiligen Gerätschaften unbedingt ausgiebig durchzulüften. Sicherer ist es, komplett darauf zu verzichten, um jedes Risiko zu vermeiden. Es werden mittlerweile alternative Produkte aus Edelstahl, Keramik, Glas oder Emaille angeboten. Achten Sie beim Kauf auf Produkte mit dem Hinweis: „PTFE- und PFOA-frei“!

SICHERHEITSTIPP

Die Einhaltung von Hygiene ist bei jedem Arbeitsschritt von zentraler Bedeutung, damit Ihre Vögel gesund bleiben. Reinigen Sie daher alle Arbeitsflächen und waschen Sie Ihre Hände gründlich, bevor Sie mit der Zubereitung der Speisen beginnen!

1.2.1 · Gemüse & Co.

Gemüse & Co. für die Rezepte

- Blumenkohl
- Brokkoli
- Chili *(Nicht das Pflanzengrün anbieten, da dieses wie bei allen Nachtschattengewächsen giftig ist. Der Verzehr der Schote stellt kein Problem dar, weil Sittichen und Papageien die Rezeptoren für die Geschmacksrichtung „scharf" fehlen.*
- Fenchel
- Gurke
- Kartoffel (gekocht)
- Kohlrabi
- Kürbis
- Mais
- Möhre
- Paprika *(Nicht das Pflanzengrün anbieten, da dieses wie bei allen Nachtschattengewächsen giftig ist.)*
- Pastinake
- Peperoni *(Nicht das Pflanzengrün anbieten, da dieses wie bei allen Nachtschattengewächsen giftig ist. Der Verzehr der Schote stellt kein Problem dar, weil Sittichen und Papageien die Rezeptoren für die Geschmacksrichtung „scharf" fehlen.)*
- Petersilienwurzel
- Porree *(Aufgrund der Inhaltsstoffe sollte Porree/Lauch nur gelegentlich (einmal wöchentlich) verfüttert werden.)*
- Radieschen
- Rote Bete
- Stangensellerie
- Süßkartoffel
- Tomate *(Nicht das Pflanzengrün anbieten, da dieses wie bei allen Nachtschattengewächsen giftig ist.)*
- Zucchini
- Zuckererbse

Möhren aus biologischem Anbau, Foto: Diana Eberhardt

SICHERHEITSTIPP

Bei den Kohlsorten ist zu beachten, dass diese Darmprobleme und Blähungen verursachen können. Kohlrabi, Blumenkohl und Brokkoli werden hingegen gut vertragen und dürfen verfüttert werden. Ungefährliche Farbveränderungen des Kots können z. B. nach dem Genuss von Roter Bete oder roter Paprika auftreten.

1.2.2 · Obst und Steinfrüchte

Obst- und Steinfrüchte für die Rezepte

- Ananas
- Apfel
- Aprikose
- Banane
- Birne
- Blaubeere (Heidelbeere)
- Brombeere
- Dattel
- Erdbeere
- Feige
- Granatapfel
- Himbeere
- Johannisbeere
- Kaki/Sharonfrucht
- Kirsche
- Kiwi
- Kokosnuss
- Mango
- Melone
- Nektarine
- Orange
- Papaya
- Passionsfrucht
- Pfirsich
- Pflaume
- Physalis (Kapstachelbeere)
- Weintraube
- Zitrone

Papaya, Foto: Diana Eberhardt

Hinweis zu möglichen Kotveränderungen

Nach dem Genuss von wasserhaltigem Obst wie Weintrauben ist es möglich, dass die Vögel vorübergehend etwas wässrigen Kot bekommen. Dies ist normal und kein Grund zur Besorgnis. Dasselbe gilt für Farbveränderungen des Kots, nachdem z. B. Granatapfelkerne verfüttert wurden.

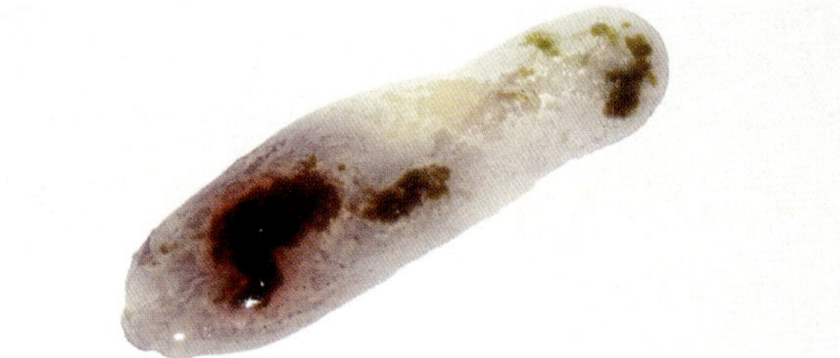

Farblich veränderter Kot nach dem Genuss von Granatapfel, Foto: Gaby Schulemann-Maier

SICHERHEITSTIPP

Wenn Trockenobst angeboten wird, muss dieses ungezuckert und zwingend ungeschwefelt sein.

Zwei Blauscheitel-Edelpapageien teilen sich eine Aprikose, Foto: Diana Eberhardt

1.2.3 · Gewürze

Gewürze für die Rezepte

- Anis
- Fenchelsamen
- Ingwer
- Ceylonzimt (kein Cassiazimt)
- Vanille

Sternanis und Fenchelsamen, Foto: Diana Eberhardt

SICHERHEITSTIPP

Beim Zimt ist es wichtig, dass Sie nur den qualitativ hochwertigen Ceylonzimt anbieten. Der günstigere Cassiazimt birgt Gesundheitsgefahren aufgrund des höheren Gehalts an Cumarin.

1.2.4 · Nüsse und Kerne

Nüsse und Kerne für die Rezepte

Die harte Schale der Macadamianuss ist kein Problem für den Hyazinthara, Foto: Isabell Ziermann

- Cashew
- Haselnuss (Haselnüsse werden auch halbreif sehr gern genommen.)
- Macadamianuss
- Pinienkern
- Süßmandel
- Walnuss

ALLGEMEINES

Um Übergewicht zu vermeiden, muss der hohe Fettgehalt von Nüssen und Kernen bei der täglichen Futterration berücksichtigt werden.

SICHERHEITSTIPP

Nüsse und Kerne sollten ohne Schale angeboten werden, da sich in dieser oft Pilzsporen befinden. Diese können beim Vogel Aspergillose, eine Pilzerkrankung der Atmungsorgane, auslösen.

1.2.5 · Wildpflanzen und Blüten

Wildpflanzen und Blüten für die Rezepte

- Gänseblümchen (*Bellis perennis*)
- Hibiskus (*Hibiscus rosasinesis*)
- Löwenzahn (*Taraxacum officinale*) (Blütenköpfe und Blätter, nicht die Stängel)
- Mariendistel (*Silybum marianum*)
- Ringelblume (*Calendula officinalis*)

Das Auge isst mit! Nicht nur für uns Menschen, sondern auch für Papageien und Sittiche, ist farbenfroh angerichtetes Essen ansprechend. Den ein oder anderen bei neuen Nahrungsmitteln skeptischen Vogel bekommt man über die Neugierde auf die verlockenden Blüten dazu, bisher unbekannte Dinge auszuprobieren.

SICHERHEITSTIPP

Achten Sie stets darauf, nur Pflanzen zu sammeln, die Sie kennen. Suchen Sie diese fernab von Straßen, weit entfernt von gedüngten Wiesen sowie Ackerflächen und nicht im Naturschutzgebiet. Folgende weiterführende Lektüre ist empfehlenswert: "Vogelfutterpflanzen aus Natur und Garten", Anbau, Ernte, Eignung, Wirkung von Futterpflanzen für Ziervögel und Ziergeflügel (inkl. Giftpflanzenliste) von Prof. Dr. Petra Wolf und Dipl.-Biologin Bärbel Oftring, erschienen im Arndt-Verlag und erhältlich unter www.arndt-verlag.de/shop.

Großer Soldatenara mit Gänseblümchen, Foto: Diana Eberhardt

1.2.6 · Kräuter

Kräuter für die Rezepte

- Basilikum
- Dill
- Echte Kamille
- Gartenkresse
- Oregano
- Pfefferminze
- Ringelblume
- Rosmarin
- Salbei
- Thymian

Dill, Foto: Diana Eberhardt

SICHERHEITSTIPP

Frische Kräuter werden in der Regel nur in Maßen verfüttert, denn u. a. können enthaltene ätherische Öle die Schleimhäute der Sittiche und Papageien reizen.

Aromatisches Basilikum für den Grünzügelpapagei, Foto: Bianca Green

1.2.7 · Salat

Salat für die Rezepte

- Endiviensalat
- Friséesalat
- Pflücksalat
- Rucola (Rauke)

SICHERHEITSTIPP

Da Salate aus dem Handel unter Umständen mit Pestiziden belastet sein können, ist es empfehlenswert, möglichst Bioprodukte oder „Grünzeug“ aus dem eigenen Garten anzubieten. Der gründlich gewaschene Salat muss vor dem Verzehr gut abgetrocknet werden, um wässrigen Kot bei den Vögeln zu vermeiden.

Unbehandelter Pflücksalat aus dem Garten, Foto: Diana Eberhardt

Wellensittiche lieben frischen Salat, Foto: Raphael Matern

Frühling - Aufblühende Natur

Zarte Blüten und feine Zutaten, Foto: Diana Eberhardt

2.1 · Frischer Löwenzahnsalat

Pflücken ist angesagt, Foto: Diana Eberhardt

Zutaten

- 2 Handvoll Löwenzahnblätter
- ½ Handvoll Löwenzahnblüten (Blütenköpfe)
- 1 Handvoll Gänseblümchen
- 100 g Kohlrabi, geschält
- 50 g Apfel, gerieben
- ¼ Zitrone
- 2 Teelöffel Mandeln, gemahlen
- 100 ml Wasser

Zubereitungszeit: ca. 15 Minuten
Schwierigkeitsgrad: *

Den Löwenzahn und die Gänseblümchen gründlich mit lauwarmem, danach mit eiskaltem Wasser abwaschen und zum Schluss mit einem Küchentuch trockentupfen. Die Kohlrabi schälen und in kleine Stücke schneiden. Den Apfel ebenfalls schälen und dann reiben. Den Löwenzahn, die Gänseblümchen und die Kohlrabiwürfel in einer Schüssel gut miteinander vermengen. Falls die Löwenzahnblätter zu groß sein sollten, können diese halbiert oder geviertelt werden. Als Dressing das Wasser, den Saft einer Viertel Zitrone, den geriebenen Apfel sowie die gemahlenen Mandeln verrühren und direkt vor dem Verzehr über den Salat geben.

Variante für empfindliche Vögel
Der Zitronensaft kann durch Wasser oder Apfelsaft ersetzt werden.

Variante für den Vogelhalter
Ein paar Tropfen Walnussöl im Dressing sind sehr geschmackvoll.

Gesunde Kost aus dem Garten, Foto: Diana Eberhardt

Einheimische Äpfel sind bei Graupapageien beliebt, Foto: Diana Eberhardt

PRAXISTIPP

Vom Löwenzahn sollten lediglich die jungen und kleinen Blätter gepflückt werden, denn die größeren sind teilweise bitter. Ansonsten ist es möglich, die großen Blätter gründlich mit heißem Wasser abzuspülen, um den bitteren Geschmack zu reduzieren.

2.2 · Hauchdünnes Erdbeerleder „Oscar“

Lieblingsrezept von Rostkappenpapagei „Oscar“

Die ersten Erdbeeren sind immer etwas Besonderes, Foto: Diana Eberhardt

Zutaten

- 500 g Erdbeeren

Trockenzeit: ca. 4 - 6 Stunden im vorgeheizten Backofen auf 75 - 85 °C
Ober- und Unterhitze, mittlere Schiene

Zubereitungszeit: ca. 6,5 Stunden
Schwierigkeitsgrad: *

Die Erdbeeren pürieren und mit einem Teigschaber oder Kochlöffel gleichmäßig dünn auf ein mit Backpapier ausgelegtes Backblech streichen. Während der Trockenzeit einen Kochlöffel oben in den Türspalt klemmen, denn die Ofentür muss ein wenig geöffnet bleiben, damit die Feuchtigkeit entweichen kann. Die Zubereitungszeit variiert je nach Ofen und Reifegrad (Feuchtigkeit) der Erdbeeren. Das Fruchtleder ist fertig, wenn die Oberfläche nicht mehr klebt. Dann wird es in schmale Streifen oder handliche Stücke geschnitten.

Knusprige Süße der Erdbeeren, Foto: Diana Eberhardt

PRAXISTIPP

Falls die Erdbeeren zu sauer sein sollten, versüßen zwei bis drei pürierte und zusätzlich untergemischte Bananen das Fruchtleder auf natürliche Weise ohne künstliche Zusätze.

„Rostkappenpapagei Oscar knabbert gern und liebt Erdbeeren. Im Fruchtleder kann er die konzentrierte Süße genießen." (Diana Eberhardt)

Die Zutaten müssen von „Oscar" überprüft werden, Foto: Diana Eberhardt

2.3 · Bunter Maisfladen

Es wird bunt, Foto: Diana Eberhardt

Zutaten für den Maisfladen

- 250 g Maiskörner, gekocht
- 60 g Vollkornmehl
- 200 ml Wasser

Zutaten für die Salatmischung

- 1 Möhre
- 1 Paprika
- 1 Tomate
- 8 Radieschen
- ½ Salatgurke

- **Zutaten für die Soße**
- 100 g Kartoffeln, gekocht
- 180 g Salatgurke
- Einige Blätter Basilikum

Kochzeit: ca. 20 Minuten
Backzeit: ca. 45 Minuten im vorgeheizten Backofen auf 175 °C Ober- und Unterhitze, mittlere Schiene

Zubereitungszeit: ca. 90 Minuten
Schwierigkeitsgrad: **

Maisfladen

Die Maiskörner mit einem scharfen Messer vom Kolben abtrennen und ca. 15 Minuten lang in einem Topf mit Wasser kochen. Danach pürieren und mit 200 ml Wasser sowie dem Vollkornmehl gründlich vermischen. Die Masse auf ein mit Backpapier ausgelegtes Backblech streichen und backen.

Salatmischung

Die Möhre raspeln und ca. 3 Minuten lang in einem Topf mit Wasser kochen. Die Paprika schälen und raspeln oder sehr fein schneiden. Die Tomate, die Radieschen und die Gurke in kleine Stücke schneiden. Danach sämtliche Zutaten miteinander vermengen.

Soße

Die Kartoffeln in einem Topf mit Wasser kochen und anschließend mit dem Basilikum sowie der Gurke pürieren.

Vor dem Servieren den Maisfladen mit dem Salat und der Soße anrichten. Diese Mahlzeit kann sowohl warm als auch kalt genossen werden.

Variante
Das Gericht ergibt gerollt einen handlichen Wrap.

Variante für Vögel mit höherem Energiebedarf
Die Maisfladen mit etwas Palmöl in der Pfanne braten.

Variante für den Vogelhalter

- Die Salatmischung und die Soße salzen.
- Die Maisfladen mit etwas Sonnenblumenöl in der Pfanne braten.

Eine leichte Mahlzeit, Foto: Diana Eberhardt

PRAXISTIPP

Da Salatgurken über 95 % Wasser enthalten, können die Vögel nach deren Genuss wässrigen Kot bekommen. Dieser „Gurkenkot" ist ungefährlich.

Der Große Soldatenara schwenkt eine Möhre, Foto: Andrea Ottemeier

2.4 · Kerniger Müsliriegel

Kernige und süße Zutaten, Foto: Diana Eberhardt

Zutaten

- 75 g kernige Haferflocken
- 50 g Sesam
- 40 g Vollkornmehl
- 75 g Mandeln, gemahlen
- 75 g Haselnüsse, gemahlen
- 80 g Sultaninen, ungeschwefelt
- 50 g Cranberries, getrocknet, ungeschwefelt
- 50 g Aprikosen, getrocknet, ungeschwefelt
- 40 g Banane
- 100 g Apfel

Backzeit: ca. 25 - 30 Minuten im vorgeheizten Backofen auf 175 °C
Ober- und Unterhitze, mittlere Schiene

Zubereitungszeit: ca. 60 Minuten
Schwierigkeitsgrad: **

Den Apfel schälen und reiben, die Banane pürieren. Die getrockneten Cranberries und Aprikosen in kleine Stücke schneiden. Alle Zutaten mit den Händen gut miteinander verkneten. Die Masse ca. 1 cm dick auf ein mit Backpapier ausgelegtes Backblech streichen. Falls der Teig zu krümelig sein sollte, etwas pürierte Banane hinzufügen. Ein zweites Blatt Backpapier darüber legen und darauf den Teig mit einem Nudelholz gleichmäßig ca. 1 cm dick ausrollen. Danach das obere Backpapier entfernen und die Riegel backen.

Frische Energie – nicht nur für unsere Vögel, Foto: Diana Eberhardt

PRAXISTIPP

Die Müsliriegel lassen sich gut einfrieren und später bei Zimmertemperatur portionsweise auftauen.

Blinder Katharinasittich mit gesunden Weintrauben, Foto: Gaby Schulemann-Maier

2.5 · Fruchtiges Kokosgemüse

Exotische und frische Zutaten für ein köstliches Gericht, Foto: Diana Eberhardt

Zutaten

- 230 g Fenchelknolle, geschält
- 1 Esslöffel Orangensaft
- 130 g Möhren, geschält
- 150 g Kokosmilch
- 100 g Zuckererbsen
- 1 Esslöffel Granatapfelkerne
- 75 g Weichweizengrieß

Kochzeit: ca. 30 Minuten
Zubereitungszeit: ca. 60 Minuten
Schwierigkeitsgrad: *

Den Grieß gemäß Packungsbeilage, allerdings mit Wasser anstatt mit Milch, zubereiten und warmstellen.
Die Zuckererbsen vierteln und die Möhren schälen. Den Fenchel und die Möhren in kleine Stücke schneiden und mit 200 ml Wasser ca. 5 Minuten lang mit aufgelegtem Deckel sprudelnd kochen. Die Zuckererbsen, den Orangensaft und die Kokosmilch hinzufügen und weitere 5 Minuten mit aufgelegtem Deckel sprudelnd kochen. Kurz vor dem Servieren die Granatapfelkerne unterrühren.

Zum Schluss wird das Gemüse auf dem gar gekochten Grieß angerichtet.

Alternative Beilage

Anstelle des Grießes können Nudeln oder Kartoffeln gekocht werden.

Sättigend und lecker zugleich, Foto: Diana Eberhardt

Variante für Vögel mit einem niedrigeren Energiebedarf
Die Kokosmilch durch Kokoswasser oder Leitungswasser ersetzen.

Variante für den Vogelhalter
Grieß mit Milch und etwas Kokosmilch anstatt Wasser aufkochen.

PRAXISTIPP

Zuckererbsen enthalten kein Phasin und können deshalb sowohl von den Vögeln als auch von den Vogelhaltern roh verzehrt werden.

Der Rosakakadu lässt sich den feinen Fenchel schmecken, Foto: Andrea Ottemeier

2.6 · Radieschen-Kresse-Suppe

Leichte Zutaten für eine frühlingsfrische Suppe, Foto: Diana Eberhardt

Zutaten

- 400 g Radieschen
- 1 Kästchen Gartenkresse
- 250 g Kartoffeln
- 400 ml Gemüsebrühe bestehend aus
    - 500 ml Wasser
    - ¼ Knollensellerie
    - 2 Porreestangen
    - 4 Möhren

Kochzeitzeit: ca. 60 Minuten
Zubereitungszeit: ca. 75 Minuten
Schwierigkeitsgrad: *

Gemüsebrühe

Das Gemüse putzen, in Stücke schneiden und mit 500 ml Wasser ca. 30 Minuten lang kochen. Insgesamt werden 400 ml Gemüsebrühe für die Suppe benötigt.

Suppe

Die Radieschen gut abwaschen und in kleine Stücke schneiden. Die Kartoffeln schälen, würfeln und mit der zubereiteten Gemüsebrühe aufgießen und ca. 20 - 25 Minuten lang köcheln lassen. Kresse hinzufügen und noch einmal aufkochen. Im Anschluss die Suppe kurz pürieren. Es sollen kleine Stückchen verbleiben.

Suppe mit feinem Geschmack, Foto: Diana Eberhardt

PRAXISTIPP

Um einen kräftigeren Geschmack zu erhalten, können alternativ zwei Kästchen Gartenkresse verarbeitet werden.

Das rohe Radieschen schmeckt dem Kea, Foto: Andrea Ottemeier

2.7 · Pellkartoffel-Aprikosenklöße mit Kompott

Zutaten für die Klöße

- 400 g Kartoffeln
- 2½ Aprikosen
- 90 g Kartoffelmehl
- 140 ml Wasser, warm

Zutaten für das Kompott

- 5 Nektarinen
- 10 Aprikosen
- 80 ml Wasser
- 1 Prise Ceylonzimt

Kochzeit: ca. 30 - 45 Minuten
Kühlung: ca. 5 Stunden
Zubereitungszeit: ca. 6 Stunden
Schwierigkeitsgrad: **

Die ersten Aprikosen im Frühling schmecken besonders gut, Foto: Diana Eberhardt

Klöße

Die ungeschälten Kartoffeln ca. 20 - 30 Minuten lang in einem Topf mit Wasser kochen bis sie gar sind, einige Stunden im Kühlschrank durchkühlen lassen, dann pellen und ordentlich stampfen. Kartoffelmehl und Wasser hinzufügen. Die Zutaten so lange mit den Händen verkneten bis ein glatter Teig entsteht, der ca. 15 Minuten ruhen sollte. In der Zwischenzeit die Aprikosen schälen und halbieren. Danach aus dem Teig 5 gleich große Klöße formen, in deren Mitte jeweils eine halbierte Aprikose gedrückt wird. Wasser in einem großen Topf zum Kochen bringen, die Klöße vorsichtig hineingeben und ca. 10 - 20 Minuten lang bei schwacher Hitze mit aufgelegtem Deckel ziehen lassen. Die Klöße schwimmen nun auf der Wasseroberfläche und sind gar.

Kompott

Die Nektarinen und Aprikosen in kleine Stücke schneiden, mit dem Wasser und etwas Ceylonzimt unter Rühren ca. 20 - 30 Minuten lang ohne Deckel köcheln lassen. Die Kochzeit ist abhängig von der Größe der Früchte.

Die Klöße werden mit dem Kompott warm serviert.

Variante „halb und halb“

Die Konsistenz und der Geschmack der Pellkartoffelklöße sind nicht mit Kartoffelklößen „halb und halb“ vergleichbar. Falls Sie die klassische Variante bevorzugen, gehen Sie wie folgt vor:
200 g Kartoffeln schälen und in einem Topf mit Wasser gar kochen. Währenddessen weitere 200 g Kartoffeln schälen, fein raspeln und durch ein Küchentuch drücken bis die Masse einigermaßen trocken ist. Etwas von dem herausge-

pressten Kartoffelwasser beiseite stellen. Die gekochten Kartoffeln stampfen, mit den geriebenen Kartoffeln, 25 g Kartoffelmehl und ca. 1 - 2 Teelöffeln des Kartoffelwassers mit den Händen zu einem gleichmäßigen Teig verkneten. Falls die geriebenen Kartoffeln nicht fest genug durch das Küchentuch gedrückt wurden und somit noch zu feucht sind, muss etwas mehr Kartoffelmehl hinzugefügt werden. Klöße formen, mit den Aprikosen füllen, in köchelndes Wasser geben und ca. 50 - 60 Minuten lang ziehen lassen.

PRAXISTIPP

Dieses Rezept kann im Herbst mit reifen Pflaumen zubereitet werden.

Fruchtig und dennoch sättigend, Foto: Diana Eberhardt

Eine saftige Nektarine für den Neuguinea-Edelpapagei, Foto: Andrea Ottemeier

2.8 · Scharfes grün-rotes-Zucchinigericht

Auch Wellensittiche mögen es scharf, Foto: Diana Eberhardt

PRAXISTIPP

Wer eine Hamburgerpresse, einen sogenannten Patty-Maker, besitzt, kann diesen bei der Herstellung der Taler zur Hilfe nehmen.

Zutaten

Schmackhafte Komplementärfarben, Foto: Diana Eberhardt

- 600 g Zucchini, geschält
- 170 g Vollkornmehl
- 250 g Tomaten
- 1 Peperoni
- 1 Stange Stangensellerie

Kochzeit: ca. 20 Minuten
Backzeit: ca. 30 - 40 Minuten im vorgeheizten Backofen auf 200 °C Ober- und Unterhitze, mittlere Schiene

Zubereitungszeit: ca. 75 Minuten
Schwierigkeitsgrad: ***

Die Zucchini schälen und zerkleinern. Je feiner man das Gemüse schneidet, desto wässriger wird der Teig, und es muss gegebenenfalls etwas mehr Mehl hinzugegeben werden. Die Zucchini mit dem Mehl vermengen und auf einem mit Backpapier ausgelegtem Backblech zu festen Talern formen. Danach die Zucchinitaler backen. Die genaue Backzeit ist abhängig von der Dicke der Taler.

Währenddessen die Paprika und die Tomaten schälen und in kleine Stücke schneiden. Die Peperoni und die Selleriestange ebenfalls zerkleinern. Das Gemüse wird ca. 15 - 20 Minuten lang in einem Topf mit gekipptem Deckel geköchelt. Zwischendurch umrühren. Abschließend das Gemüse auf oder neben die Zucchinitaler geben und servieren.

„Entschärfte“ Variante
Auf die Peperoni verzichten.

„Verschärfte“ Variante
Chili anstatt Peperoni verwenden.

Variante für Vögel mit höherem Energiebedarf
Die Zucchinitaler mit etwas Palmöl in der Pfanne braten.

Variante für den Vogelhalter
Die Zucchinitaler mit etwas Sonnenblumenöl in der Pfanne braten.

Gute-Laune-Gericht, Foto: Diana Eberhardt

2.9 · Birne mit minzigem Pfirsich-Apfel-Mus

Minzig und süß zugleich, Foto: Diana Eberhardt

Zutaten

•	1	Birne
•	½	Apfel
•	1	Pfirsich
•	einige	Pfefferminzblätter
•	100 ml	Kochwasser der Birne

Kochzeit:	ca. 30 Minuten
Zubereitungszeit:	ca. 40 Minuten
Schwierigkeitsgrad:	**

Das Obst schälen, die Birne halbieren und den Stein des Pfirsichs sowie die Kerngehäuse des Apfels und der Birne entfernen. Den Apfel, die Pfefferminze und den Pfirsich in kleine Stücke schneiden. Die beiden Birnenhälften ca. 10 Minuten lang mit Wasser bedeckt in einem Topf ohne Deckel köcheln lassen, dabei zwischendurch umrühren. Dann die Birnenhälften vorsichtig mit einem Esslöffel aus dem Topf nehmen und beiseite legen. Die Apfelstücke sowie die Hälfte der Pfirsichstücke mit 100 ml des Kochwassers der Birne aufkochen und ca. 15 - 20 Minuten lang ohne Deckel sprudelnd kochen lassen bis die Flüssigkeit weitestgehend verdampft ist. Zwischendurch umrühren. Die restlichen rohen Pfirsichstücke hinzugeben, umrühren und die warme Masse auf den Birnenhälften anrichten.

Variante für den Vogelhalter

Schlagsahne und Vanilleeis passen sehr gut zu dieser süßen Leckerei.

Dieses süße Gericht schmeckt nicht nur den Vögeln, Foto: Diana Eberhardt

PRAXISTIPP

Um ein süßes Mus zu erhalten, sollte darauf geachtet werden, dass der Pfirsich reif und saftig ist.

Pflaumenkopfsittich mit Apfelstücken, Foto: Janina und Meik Mees

Sommer - Erfrischendes für die warme Jahreszeit

Sommerlich leichte und frische Zutaten, Foto: Diana Eberhardt

3.1 · Bananen-Zitrus-Kekse

Zutaten für Bananen-Zitrus-Kekse, Foto: Diana Eberhardt

Zutaten

Bananen-Zitronen-Kekse

60 g	Banane
30 ml	Zitronensaft
110 g	Vollkornmehl

Bananen-Orangen-Kekse

50 g	Banane
45 ml	Orangensaft
110 g	Vollkornmehl
Backzeit:	45 Minuten im vorgeheizten Backofen auf 125 °C Ober- und Unterhitze, mittlere Schiene
Zubereitungszeit:	ca. 75 Minuten
Schwierigkeitsgrad:	**

Die Banane mit der Gabel fein zerquetschen und dann je nach Kekssorte den entsprechenden Saft sowie das Mehl hinzufügen. Mit den Händen die Zutaten zu einem zähen Teig verkneten. Diesen gleichmäßig ausrollen und Kekse ausstechen oder den Teig zu einer Rolle formen und in Scheiben schneiden. Diese flach drücken, so dass runde Plätzchen entstehen.

Jede Teigsorte ergibt jeweils ½ Backblech. Die Backzeit ist davon abhängig, wie hart die fertigen Kekse sein sollen (kuchenartig weich oder knusprig). Das Gebäck vor dem Verzehr abkühlen lassen.

Variante für den Vogelhalter

Anstelle der zerquetschten Banane kann ein Ei verwendet werden. Je nach Größe des Eis eventuell etwas mehr oder weniger Vollkornmehl verwenden.

Bananen-Zitrus-Kekse, Foto: Diana Eberhardt

Gebirgsloris lieben süßes Obst, Foto: Andrea Ottemeier

PRAXISTIPP

Wenn Sie unterschiedlich harte Kekse genießen möchten, dann entnehmen Sie einen Teil davon bereits dem Backofen, sobald die Plätzchen gar, aber noch kuchenweich sind und lassen den Rest knusprig backen.

3.2 · Sommerlicher Salat mit Quinoa

Knackige Walnüsse erfreuen den Gebirgsara, Foto: Diana Eberhardt

Sommerliche Zutaten, Foto: Diana Eberhardt

Zutaten

- 125 g Quinoa
- 80 g Weintrauben, halbiert
- 40 g Stangensellerie
- 40 g Möhre, geraspelt
- 70 g Orange
- ½ Passionsfrucht
- 10 g Pinienkerne
- 15 g Walnüsse, gehackt

Kochzeit: ca. 20 Minuten
Zubereitungszeit: ca. 45 Minuten
Schwierigkeitsgrad: **

Die Quinoa zunächst in einem Küchensieb gründlich unter fließend heißem Wasser abspülen und dann mit 300 ml Wasser unter mehrmaligem Umrühren ca. 20 Minuten lang kochen bis die Flüssigkeit verdampft ist. In der Zwischenzeit die Weintrauben halbieren und die Orange von der Schale sowie der weißen Haut befreien. Anschließend die Möhre schälen und raspeln. Den Stangensellerie und die Orange in kleine Stücke schneiden. Die abgekühlte Quinoa mit den restlichen Zutaten vermengen und anrichten.

Ein erfrischender Salat, Foto: Diana Eberhardt

PRAXISTIPP

Wenn etwas mehr Säure gewünscht wird, verarbeitet man eine komplette Passionsfrucht anstatt einer halben.

3.3 · Feines Pistazien-Orangen-Gebäck

Zutaten für das Gebäck, Foto: Diana Eberhardt

Zutaten

- 85 g Pistazien, fein gemahlen
- 50 g Mandeln, fein gemahlen
- 30 ml Orangensaft

Backzeit: ca. 20 Minuten im vorgeheizten Backofen auf 150 °C Ober- und Unterhitze, mittlere Schiene
Zubereitungszeit: ca. 30 Minuten
Schwierigkeitsgrad: *

Die Zutaten mit den Händen ordentlich miteinander verkneten. Anschließend den Teig auf einem Backblech ausrollen und in Stücke schneiden. Wie vorab beschrieben backen. Das Gebäck nach 10 Minuten Backzeit wenden.

Feines Pistaziengebäck, Foto: Diana Eberhardt

Achtung: sehr energiereich!

Variante für den Vogelhalter
Das Gebäck schmeckt hervorragend zu warmem Vanillepudding.

PRAXISTIPP

Erleichterung beim Ausrollen des Teigs: Ein Blatt Backpapier auf den Teig legen, darauf mit dem Nudelholz ausrollen und danach das Backpapier entfernen.

Der Timneh-Papagei knuspert eine Mandel, Foto: Janina und Meik Mees

3.4 · Süße Creme

Gute Zutaten für eine leckere Creme, Foto: Diana Eberhardt

Zutaten

- 175 g Weintrauben
- 400 g Ananas
- 4 Esslöffel Mandelmus
- ½ Päckchen Agar-Agar (passend für ca. 200 ml Flüssigkeit)

Kochzeit:	ca. 3 Minuten
Zubereitungszeit:	ca. 90 Minuten
Schwierigkeitsgrad:	*

Die Weintrauben abwaschen. Die Ananas schälen, das Innere entfernen und das Fruchtfleisch in Stücke schneiden. Das Obst pürieren, mit dem Agar-Agar in einen Topf geben und ca. 3 Minuten lang unter Rühren kochen. Dann das Mandelmus unterrühren. Die noch heiße Flüssigkeit in ein Schälchen geben, ca. 15 Minuten lang bei Zimmertemperatur abkühlen lassen und danach 45 Minuten lang im Kühlschrank gelieren lassen.

Variante für Vögel mit niedrigerem Energiebedarf
Nur 2 Esslöffel Mandelmus verwenden. Allerdings wird die Konsistenz dadurch nicht mehr cremig, sondern etwas fester.

Süße und gehaltvolle Speise, Foto: Diana Eberhardt

PRAXISTIPP

Der holzige Teil der Ananas muss gründlich entfernt werden, damit die Creme schmackhaft wird.

Kuhls Graukopfpapagei mit einer Weintraube, Foto: Janina und Meik Mees

3.5 · Gemischtes Fruchteis

Leckere Früchte für sommerliches Eis, Foto: Diana Eberhardt

Zutaten
Es werden frische Früchte je nach Geschmack Ihrer Vögel benötigt. Diese - falls möglich - schälen, ansonsten gründlich mit warmem Wasser abwaschen.

Nachfolgend drei Grundrezepte, die Sie je nach Geschmack variieren können.

Erdbeer-Bananeneis

- 100 g Erdbeeren
- 50 g Bananen

Melonen-Orangeneis

- 100 g Fruchtfleisch einer Melone (Sorte je nach Vorliebe Ihrer Vögel)
- 25 g Orange

Beereneis

- 50 g Brombeeren
- 50 g Himbeeren
- 50 g Blaubeeren

Zubereitungszeit:	ca. 15 Minuten
Gefrierzeit:	ca. 3 Stunden
Schwierigkeitsgrad:	*

Gesundes Fruchteis, Foto: Diana Eberhardt

Die gesäuberten Früchte pürieren und gut miteinander vermischen. Das Püree entweder in Eisförmchen oder in Eiswürfelbehälter füllen und einfrieren. Eventuell das Beereneis vor dem Einfrieren durch ein feines Küchensieb drücken, um die Kerne zu entfernen.

Variante für den Vogelhalter

Das Fruchtpüree in Förmchen für Wassereis einfrieren und als gesunde Erfrischung ohne Zusatz von Zucker oder Zusatzstoffen genießen. Für Kinder ein absoluter Hit!

Die Erdbeere schmeckt dem Timneh-Papagei sichtlich, Foto: Diana Eberhardt

PRAXISTIPP

Wenn man gestreiftes Eis erhalten möchte, zunächst eine dünne Schicht einer Sorte Fruchtpüree in die Eiswürfelbehälter füllen. Sobald diese gefroren ist, die nächste Schicht hineingießen und sofort wieder einfrieren.

3.6 · Gurke-Fenchel-Süppchen „Ole“

Lieblingsrezept von Wellensittich „Ole“

Zutaten

- 300 g Salatgurke
- 350 g Fenchel
- 300 g Tomaten
- 100 g Kartoffeln, gerieben
- 1 Liter Wasser

Kochzeit: ca. 45 Minuten
Zubereitungszeit: ca. 75 Minuten
Schwierigkeitsgrad: *

Alles für eine einfache Suppe, Foto: Diana Eberhardt

Da bekommt der kleine Wellensittich „Ole“ große Augen, Foto: Gaby Schulemann-Maier

„Wellensittich Ole ist ein Feinschmecker, mag es aber nicht allzu süß, sondern eher saftig. Gurken gehören deshalb zu seinen Favoriten.“ (Gaby Schulemann-Maier)

Die Kartoffeln schälen und reiben. Die Tomaten schälen und pürieren. Die Salatgurke schälen und in kleine Stücke schneiden. Den Fenchel in etwas feinere Stücke schneiden, weil dessen Garzeit länger ist als bei der Gurke. Alle Zutaten in einen großen Topf geben und köcheln lassen. Zwischendurch muss umgerührt werden. Nach ca. 45 Minuten prüfen, ob der Fenchel weich ist. Falls nicht, die Kochzeit etwas verlängern. Zum Schluss die Suppe kurz pürieren. Es sollen noch kleine Stücke vorhanden sein.

Variante für den Vogelhalter
An heißen Sommertagen schmeckt die Suppe gekühlt sehr lecker und ist erfrischend.

Macht warm und kalt eine gute Figur, Foto: Diana Eberhardt

PRAXISTIPP

Am nächsten Tag sind die Zutaten gut durchgezogen. Die Suppe schmeckt dann noch besser.

3.7 · Schlemmersalat

Endiviensalat für die Rosenköpfchen, Foto: Stephan Worm

Süße und würzige Zutaten, Foto: Diana Eberhardt

Zutaten

• 2 Handvoll	Frisée- oder Endiviensalat
• $^{1}/_{3}$	Salatgurke
• $^{1}/_{2}$	Birne
• 3	Feigen
• 50 g	Himbeeren
• 2 Esslöffel	Mandelmus
• 4 - 5 Esslöffel	Wasser
• Etwas	Dill

Zubereitungszeit: ca. 20 Minuten
Schwierigkeitsgrad: *

Den Salat, die Himbeeren und den Dill gründlich abwaschen. Gurke, Birne und Feigen schälen und das Kerngehäuse der Birne entfernen. Die frischen Zutaten in kleine Stücke schneiden. Die Gurke kann alternativ in dünne Scheiben gehobelt werden. Das Mandelmus mit dem Wasser vermischen. Zum Schluss alle Zutaten miteinander vermengen und anrichten.

Variante für Vögel mit niedrigerem Energiebedarf
Nur einen Esslöffel Mandelmus verwenden.

Variante für den Vogelhalter
Ein wenig Himbeeressig vervollständigt den Geschmack für uns Menschen.

Verschiedene Geschmacksrichtungen in einem Gericht, Foto: Diana Eberhardt

PRAXISTIPP

Da das Mandelmus sehr zähflüssig ist, lässt es sich besser mit warmem anstatt mit kaltem Wasser vermengen.

3.8 · „Gerösteter“ Obstsalat

Farbenpracht, Foto: Diana Eberhardt

Zutaten

- 1/3 Mango
- 1 Kiwi
- 1 Banane
- 6 Physalis (Kapstachelbeere), halbiert
- 1/2 Nektarine
- 1/2 Papaya, klein
- 1/4 Granatapfel
- 10 g Ingwer
- 200 ml Orangensaft
- 8 Macadamianüsse, gehackt
- 30 g Mandelblätter

Kochzeit: ca. 10 Minuten
Zubereitungszeit: ca. 30 Minuten
Schwierigkeitsgrad: **

Soße

Den Ingwer schälen, in Scheiben schneiden und mit dem Orangensaft ca. 5 - 8 Minuten lang ohne Deckel im Topf köcheln und danach abkühlen lassen.

Salat

Die Früchte - soweit möglich - schälen, ansonsten gründlich mit warmem Wasser abwaschen und in kleine Stücke schneiden. Die Kerne des Granatapfels herauslösen. Die Mandelblätter und die gehackten Macadamianüsse in einer Pfanne ohne Öl rösten. Achtung: stets wenden! Diese dann unter die Fruchtstücke rühren. Zum Schluss die Soße über den Salat geben und gut vermengen.

Neuguinea-Edelpapagei mit frischer Mango, Foto: Andrea Ottemeier

Süß, säuerlich und knackig, Foto: Diana Eberhardt

PRAXISTIPP

Um hartnäckige Spritzer in der Küche zu vermeiden, verarbeitet man den Granatapfel am besten in einer Schüssel, die man in die Spüle stellt, anstatt auf der Arbeitsplatte.

3.9 · Gekühlter Himbeer-Blaubeer-Kuchen

Die Zutaten versprechen Gutes, Foto: Diana Eberhardt

Zutaten

Kuchenboden

- 200 g Walnüsse, gemahlen
- 100 g Mandeln, gemahlen
- 100 g Haselnüsse, gemahlen
- 300 g Datteln, getrocknet, ungeschwefelt

Fruchtbelag

- 250 g Himbeeren
- 125 g Blaubeeren
- 350 g Cashewkerne, eingeweicht

Einweichzeit:	ca. 10 Stunden
Kühlzeit:	ca. 3 - 4 Stunden
Zubereitungszeit:	ca. 12 - 13 Stunden
Schwierigkeitsgrad:	***

Kuchenboden

Die getrockneten Datteln zerkleinern und mit den gemahlenen Zutaten vermengen. Dazu benutzt man am besten die Hände. Etwas Wasser hinzugeben, falls der Teig zu trocken sein sollte. Eine Backform mit Backpapier auslegen, den Teig ca. 3 cm hoch fest hineindrücken und mindestens 2 Stunden oder über Nacht im Kühlschrank abkühlen lassen.

Sahne sucht man hier vergebens, Foto: Diana Eberhardt

Die Haselnuss verschwindet im großen Fuß des Keas, Foto: Andrea Ottemeier

Fruchtbelag

Die Cashewkerne in einen Topf geben, mit Wasser bedecken und über Nacht im Kühlschrank einweichen lassen. Am nächsten Tag die Cashews in einem Küchensieb abtropfen lassen und zusammen mit den Beeren pürieren. Die Masse mit einem Handrührgerät ca. 1 - 2 Minuten lang auf höchster Stufe schlagen. Den Fruchtbelag auf dem gekühlten Kuchenboden verteilen und weitere 1 - 2 Stunden im Kühlschrank kalt stellen.

Achtung: sehr energiereich!

Variante für Vögel mit niedrigerem Energiebedarf

Fruchtbelag ohne Cashewkerne

500 g Himbeeren und 250 g Blaubeeren pürieren, mit Agar-Agar anrühren, aufkochen und nur soweit abkühlen lassen, dass die Masse noch nicht richtig fest ist. Diese dann sofort auf dem Kuchenboden verteilen und komplett abkühlen lassen.

PRAXISTIPP

Der Kuchen kann eingefroren und bei Bedarf portionsweise im Kühlschrank aufgetaut werden.

Herbst - Reichhaltiges Schöpfen aus der Natur zur Erntezeit

Geschenke der Natur, Foto: Diana Eberhardt

4.1 · Himmel und Erde

Heimische Zutaten, Foto: Diana Eberhardt

Zutaten für das Apfelkompott

- 275 g Äpfel, geschält, entkernt
- 80 ml Wasser

Zutaten für die Stampfkartoffeln

- 275 g Kartoffeln, weichkochend, geschält
- 15 ml Wasser

Kochzeit: ca. 20 Minuten
Zubereitungszeit: ca. 45 Minuten
Schwierigkeitsgrad: *

Apfelkompott

Die Äpfel schälen, entkernen und in Stücke schneiden. Mit 80 ml Wasser in einem Topf mit aufgelegtem Deckel kurz aufkochen und danach bei mittlerer Hitze ca. 20 Minuten lang mit gekipptem Deckel köcheln lassen. Zwischendurch muss umgerührt und eventuell noch etwas Wasser hinzugegeben werden. Nach der Kochzeit den Topf vom Herd nehmen und die Äpfel stampfen.

Stampfkartoffeln

Die Kartoffeln schälen, in Stücke schneiden und ca. 20 Minuten lang in einem Topf mit Wasser kochen. Danach den Topfinhalt in ein Küchensieb gießen und die Kartoffeln zurück in den Topf geben. 15 ml Wasser hinzugießen und stampfen.

Beide Gerichte werden neben- oder übereinander angerichtet und warm serviert.

Variante für den Vogelhalter

- Die fertigen Stampfkartoffeln mit einem Stück guter Butter und/oder etwas Sahne verfeinern und mit Salz sowie Muskatnuss würzen.
- Die klassische Beilage zu diesem Gericht besteht aus in Scheiben geschnittener und in der Pfanne gebratener Blutwurst.

Himmel und Erde: Einfaches Traditionsgericht, Foto: Diana Eberhardt

PRAXISTIPP

Wer gern säuerliches Kompott mag, sollte zu Kochäpfeln greifen.

Der Springsittich nascht von einem Bioapfel, Foto: Janina und Meik Mees

4.2 · Süßkartoffel-Möhren-Krokette

Möhren und Salomonen-Edelpapagei: Welch ein Farbenspiel, Foto: Papageinzucht Schauberger

Zutaten

- 90 g Süßkartoffeln, gekocht und püriert
- 70 g Möhren, fein gerieben
- 60 g kernige Haferflocken
- 30 g Papayawürfel, getrocknet, ungeschwefelt

Kochzeit: ca. 15 - 20 Minuten
Backzeit: ca. 60 - 75 Minuten im vorgeheizten Backofen auf 125 °C
Ober- und Unterhitze, mittlere Schiene
Zubereitungszeit: ca. 90 Minuten
Schwierigkeitsgrad: **

Die Süßkartoffeln schälen, in kleine Stücke schneiden, ca. 15 - 20 Minuten lang in einem Topf mit Wasser gar kochen, durch ein Küchensieb abgießen und dann pürieren. Das Püree zusammen mit den restlichen Zutaten in eine Schüssel geben. Die Masse mit den Händen gut vermischen und Kroketten von ca. 7 cm Länge und mit einem Durchmesser von ca. 1,5 cm formen. Die Menge reicht für $^1/_3$ Backblech.

Ansprechende Frischkost, Foto: Diana Eberhardt

Die Kroketten nach der Hälfte der Backzeit wenden und anschließend lauwarm verfüttern.

Variante für Vögel mit höherem Energiebedarf
Die Kroketten vor dem Backen mit etwas Palmöl bestreichen.

Variante für den Vogelhalter

- Die Kroketten vor dem Backen mit etwas Sonnenblumenöl bestreichen.
- In Verbindung mit einem Quarkdip erhält man ein schnelles und gesundes Fingerfood für zwischendurch.

Süßkartoffel-Möhren-Kroketten, Foto: Diana Eberhardt

PRAXISTIPP

Anstelle der getrockneten Papaya können auch andere kleine getrocknete Gemüse- oder Obststückchen verwendet werden.

4.3 · Gemüsesülze mit Cashewcreme „Tasu"

Lieblingsrezept von Nymphensittich „Tasu"

Nymphensittich „Tasu" mit Staudensellerie, Foto: Petra Schröder

„Nymphensittich Tasu hat in der ersten Minute skeptisch geguckt, aber als sie das erste Mal in die knackige Selleriestange gebissen hat, gab es kein Halten mehr." (Petra Schröder)

Zutaten

Für die Cashewcreme

- 90 g Cashewkerne
- 50 g Paprika, geschält
- 100 g Salatgurke, geschält
- ¼ Peperoni, geschält
- 30 ml Wasser

Für die Gemüsesülze

- 50 g Möhren, geschält
- 125 g Paprika, geschält
- 325 g Brokkoli, geputzt
- 125 g Tomaten, gehäutet
- 1 Beutel Agar-Agar

Beilage: Matzen

Kochzeit: ca. 10 Minuten
Zubereitungszeit: ca. 150 Minuten
Schwierigkeitsgrad: ***

Vielfältige Lebensmittel, Foto: Diana Eberhardt

Cashewcreme

Die Cashewkerne für einen Zeitraum von 2 Stunden in einem Topf mit kaltem Wasser einweichen. Die anderen Zutaten schälen. Danach die Kerne in ein Küchensieb geben und abtropfen lassen. Dann alles pürieren bis eine homogene Masse entsteht. Diese danach in den Kühlschrank stellen.

Gemüsesülze

Während die Cashewkerne für die Creme einweichen, werden die Möhren und die Paprika geschält. Den Brokkoli putzen und die Tomaten häuten. Das Gemüse sehr fein zerkleinern und mit 200 ml Wasser unter Rühren aufkochen. 6 Minuten lang sprudelnd kochen lassen. Die Kochzeit wird verlängert, wenn man weicheres Gemüse vorzieht. Danach Agar-Agar gemäß Packungsbeilage hinzufügen und kochen.

Die noch heiße Masse in Förmchen füllen und auf Zimmertemperatur herunterkühlen. Anschließend für einen Zeitraum von ca. 1 Stunde im Kühlschrank gelieren lassen.

Als Beilage kann Matzen gereicht werden. Es handelt sich um ein Brot, welches lediglich aus Weizenmehl und Wasser besteht. Das Gericht schmeckt kalt und auch warm sehr gut.

Variante für den Vogelhalter

Die Gemüsesülze eignet sich als leichtes Mittagessen oder als Beilage zu einem Fleischgericht. Durch die angenehme Schärfe der Peperoni in der Cashewcreme muss nicht mehr nachgewürzt werden.

PRAXISTIPP

Tomaten lassen sich leicht häuten, indem man sie kurz mit kochendem Wasser übergießt.

Gemüsesülze mit Cashewcreme, Foto: Diana Eberhardt

4.4 · Papaya-Kokos-Dessert

Zutaten für ein raffiniertes Gericht, Foto: Diana Eberhardt

Zutaten

1	Papaya, klein
75 ml	Kokoswasser
25 ml	Kokosmilch
1 Beutel	Agar-Agar

Kochzeit:	ca. 3 Minuten
Zubereitungszeit:	ca. 90 Minuten
Schwierigkeitsgrad:	**

Die Papaya schälen und längs in der Mitte durchschneiden. Mit einem Esslöffel die Kerne entfernen. Das Kokoswasser mit der Kokosmilch und Agar-Agar gemäß Packungsbeilage aufkochen. Die noch heiße Masse in die Papayahälften füllen und bei Zimmertemperatur herunterkühlen. Danach für einen Zeitraum von ca. 1 Stunde im Kühlschrank gelieren lassen.

Achtung: sehr energiereich!

Variante für Vögel mit niedrigerem Energiebedarf
Die Kokosmilch durch Kokoswasser ersetzen, d. h. insgesamt 100 ml Kokoswasser mit Agar-Agar aufkochen.

Das Papaya-Kokos-Dessert lädt zum Schlemmen ein, Foto: Diana Eberhardt

PRAXISTIPP

Frische und getrocknete Papayakerne ergeben eine exotische Alternative zu herkömmlichem Pfeffer und dürfen sowohl von den Vögeln als auch von den Vogelhaltern genossen werden.

Variante für den Vogelhalter

Uns Menschen schmeckt dieses Dessert besser, wenn der Anteil der Kokosmilch erhöht wird. Ich bereite immer jeweils eine Hälfte der Papaya für die Vögel und die andere für uns „Federlosen" zu. Die Kokosfüllung, die für uns bestimmt ist, besteht aus 50 ml Kokosmilch und 50 ml Kokoswasser in Agar-Agar aufgekocht.

Frische Schlagsahne rundet diesen Nachtisch ab.

Der Rostkappenpapagei „hilft" bei den Vorbereitungen, Foto: Diana Eberhardt

4.5 · Exotische Polenta

Stimmungsvolle Farben, Foto: Diana Eberhardt

Zutaten

Fruchtmus

- 90 g Nektarine, geschält
- 15 g Passionsfrucht
- 50 g Mango, geschält
- 80 g Granatapfelkerne
- 60 ml Orangensaft

Polenta

- 125 g Maisgrieß
- 400 ml Wasser

Garnierung

Einige Pistazien, gehackt

Kochzeit: ca. 10 Minuten
Zubereitungszeit: ca. 60 Minuten
Schwierigkeitsgrad: **

Polenta

125 g Maisgrieß in 400 ml kochendem Wasser aufkochen und 15 Minuten lang unter Rühren quellen lassen bzw. die Anweisungen auf der Verpackung befolgen.

Fruchtmus

Die vorab genannten Mengen an Fruchtfleisch pürieren und mit dem Orangensaft zusammen ca. 5 Minuten lang unter Rühren sprudelnd kochen lassen. Die Pistazien hacken. Die Polenta auf einem kleinen Teller anrichten, Fruchtmus hinzugeben und mit den zerkleinerten Pistazien garnieren. Das Gericht wird lauwarm serviert.

Variante für den Vogelhalter

Die Polenta schmeckt ebenfalls sehr gut, wenn sie eine Nacht lang im Kühlschrank durchzieht, am nächsten Tag in Scheiben geschnitten und mit etwas Pflanzenfett oder Butter in der Pfanne aufgebraten wird.

Der Kuhls Graukopfpapagei erarbeitet sich frischen Mais, Foto: Janina und Meik Mees

Exotische Polenta, Foto: Diana Eberhardt

PRAXISTIPP

Sie können Ihre Vögel das restliche Fruchtfleisch, das sich noch am Mangokern befindet, abnagen lassen. Dadurch sind sie gut beschäftigt und haben Vergnügen bei der Nahrungsaufnahme.

4.6 · Herbstliches Püree

So schmeckt der Herbst, Foto: Diana Eberhardt

Zutaten

- 1.000 g Hokkaidokürbis
- 400 g Süßkartoffeln, geschält
- 5 g Ingwer, geschält
- 250 ml Wasser

Kochzeit: ca. 20-30 Minuten
Zubereitungszeit: ca. 1 Stunde
Schwierigkeitsgrad: *

Den Kürbis gründlich mit warmem Wasser abwaschen, in Stücke schneiden und die Kerne beiseitelegen. Die Süßkartoffeln sowie den Ingwer schälen und ebenfalls zerkleinern. Die vorbereiteten Zutaten mit 250 ml Wasser in einem Topf mit leicht gekipptem Topfdeckel köcheln lassen, wobei die genaue Kochzeit von der Größe der geschnitten Stücke abhängig ist.
Sobald das Gemüse weich gekocht ist, dieses stampfen, etwas abkühlen lassen und lauwarm den Vögeln anbieten.

Variante für Vögel oder Vogelhalter, denen Süßkartoffeln nicht schmecken
Die Süßkartoffeln durch Kartoffeln ersetzen.

Variante für Vögel mit höherem Energiebedarf

- Ca. 50 ml Wasser durch Kokosmilch ersetzen.
- Die Wartezeit während des Kochens kann genutzt werden, indem man die Kürbiskerne in einem Küchensieb mit warmem Wasser abspült und anschließend mit etwas Küchenpapier abtupft. Die Kerne dürfen frisch genossen oder einige Tage lang an einem warmen Ort für den späteren Verzehr getrocknet werden.

Ein gesunder Snack für den Rosakakadu, Foto: Andrea Ottemeier

Varianten für den Vogelhalter

- Herzhaft: Das Püree nach dem Kochen etwas salzen und als Vorspeise genießen oder als Beilage zu einem Stück Fleisch servieren.
- Süß: Eine sämige exotische Suppe entsteht, wenn man als letzten Arbeitsschritt ca. 100 ml Kokosmilch hinzugibt.

PRAXISTIPP

Roher Ingwer wird aufgrund seiner angenehmen Schärfe von vielen Vögeln als gesundes Leckerchen genommen.

Die Rostkappenpapageien freuen sich über das Püree, Foto: Diana Eberhardt

4.7 · Haferflocken-Granatapfel-Gebäck

Backen macht Freude, Foto: Diana Eberhardt

Zutaten

- 70 g Apfel, püriert
- 100 g kernige Haferflocken
- 30 g Vollkornmehl
- 30 g Granatapfelkerne

Backzeit: ca. 15 Minuten im vorgeheizten Backofen auf 200 °C
Ober- und Unterhitze, mittlere Schiene
Zubereitungszeit: ca. 45 Minuten
Schwierigkeitsgrad: **

Den Apfel schälen und pürieren. Die Kerne aus dem Granatapfel herauslösen. Alle Zutaten vermischen und mit den Händen gut verkneten. Der Teig muss sofort verarbeitet werden, denn das Mehl entzieht andernfalls die Feuchtigkeit. Wenn dies der Fall sein sollte, etwas Apfelsaft oder Wasser hinzufügen. Auf einem mit Backpapier ausgelegten Backblech Plätzchen formen und danach backen.

Variante für den Vogelhalter
Der pürierte Apfel kann durch ein Ei ersetzt werden. Je nach Größe des Eis eventuell etwas mehr oder weniger Vollkornmehl verwenden.

Fruchtig und knusprig, Foto: Diana Eberhardt

PRAXISTIPP

Anstelle der Granatapfelkerne können getrocknete ungeschwefelte Cranberries gehackt und verwendet werden.

Da bekommt der kleine Katharinasittich große Augen, Foto: Gaby Schulemann-Maier

4.8 · Allerlei aus Wurzelgemüse auf Kartoffeltalern

Bodenschätze, Foto: Diana Eberhardt

Zutaten
Kartoffeltaler

- 240 g Kartoffeln gerieben
- 45 g Vollkornmehl

Wurzelgemüse

- 125 g Möhren, geschält
- 100 g Rote Bete, gewürfelt
- 75 g Pastinake, gewürfelt
- 50 g Petersilienwurzel, gewürfelt

Kochzeit: ca. 10 - 20 Minuten
Backzeit. ca. 25 - 35 Minuten im vorgeheizten Backofen auf 180 °C Ober- und Unterhitze, mittlere Schiene
Zubereitungszeit: ca. 75 Minuten
Schwierigkeitsgrad: **

Zunächst die Kartoffeln schälen und reiben. Danach gründlich mit dem Mehl verkneten, kleine Taler formen und auf ein Backblech legen. Diese für einen Zeitraum von 15 Minuten ruhen lassen und anschließend 25 - 35 Minuten lang backen. Nach der Hälfte der Backzeit müssen die Taler vorsichtig gewendet werden.
In der Zwischenzeit das Wurzelgemüse schälen, in kleine Würfel schneiden und in einen Topf mit kochendem Wasser geben. Die Garzeit variiert zwischen 10 und 20 Minuten, je nach Größe der Gemüsewürfel und je nach Geschmack (knackig oder weicher). Es empfiehlt sich, die Rote Bete in einem separaten Topf zu kochen, da diese das Kochwasser und das andere Gemüse rot färben würde.
Zum Abschluss die Kartoffeltaler mit dem Gemüse anrichten.

Auch Neuseeländer mögen Möhren, Foto: Andrea Ottemeier

Variante für Vögel mit höherem Energiebedarf
Die Kartoffeltaler mit etwas Palmöl in der Pfanne braten.

Variante für den Vogelhalter

- Das Gemüse salzen.
- Die Kartoffeltaler mit etwas Sonnenblumenöl in der Pfanne braten.

PRAXISTIPP

Nach dem Genuss von Roter Bete färbt sich der Kot der Vögel stark rot. Diese Flecken sind nur schwer aus Polstermöbeln, Kleidung, Tapete oder Teppich zu entfernen. Daher unter den Sitzplätzen der Tiere Zeitungspapier, Küchenrolle o. ä. auslegen..

Nicht nur ein Augenschmaus, Foto: Diana Eberhardt

4.9 · Feurige Suppe

Chili, kleine aber scharfe Zutat, Foto: Diana Eberhardt

Zutaten

- 1 Chilischote
- 450 g Kartoffeln
- 1 Zucchini
- ½ Stange Porree
- 650 ml Wasser

Kochzeit: ca. 15 Minuten
Zubereitungszeit: ca. 30 Minuten
Schwierigkeitsgrad: *

Die Kartoffeln und die Zucchini schälen, die Chilischote und den Porree gründlich mit warmem Wasser abwaschen. Die frischen Zutaten in kleine Stücke schneiden und mit dem Wasser ca. 15 Minuten lang mit gekipptem Topfdeckel kochen.

Variante für den Vogelhalter

- Die Suppe mit etwas saurer Sahne abschmecken.
- Gegebenenfalls eine gebratene und in Scheiben geschnittene Mettwurst hinzugeben.

Vorsicht, heiß!, Foto: Diana Eberhardt

PRAXISTIPP

Wem die Chilischote zu scharf ist, kann diese durch eine mildere Peperoni ersetzen.

Graupapagei mit einer gekochten Kartoffel, Foto: Janina und Meik Mees

Kapitel 5

Winter - Festliche Rezepte zur Weihnachtszeit

Gehaltvolles für den Winter, Foto: Diana Eberhardt

5.1 · Weihnachtliches Punschgelee

Beim Grünzügelpapagei sind die Augen größer als der Kropf, Foto: Janina und Meik Mees

Weihnachtliches, Foto: Diana Eberhardt

Zutaten

- 250 ml Apfelsaft
- 250 ml Orangensaft
- 1 Prise Ceylonzimt, gemahlen
- 1 Prise Vanille, gemahlen
- 1 Beutel Agartine (ausreichend für 500 ml Flüssigkeit)

Kochzeit:	ca. 2 Minuten
Zubereitungszeit:	ca. 90 Minuten
Schwierigkeitsgrad:	*

Sämtliche Zutaten miteinander vermengen und unter Rühren aufkochen. 2 Minuten lang sprudelnd kochen lassen und dann vom Herd nehmen. Die Flüssigkeit vorsichtig mit Hilfe einer Einwegspritze in Walnusshälften füllen. Vorsicht: heiß! Beim Abkühlen verfestigt sich das Agar-Agar bereits bei Raumtemperatur, so dass die Vögel nicht lange auf diese Leckerei warten müssen.
Für 10 Walnusshälften werden ca. 60 - 80 ml der vorbereiteten Flüssigkeit benötigt.

Variante

Die Flüssigkeit in kleine Silikonförmchen für Pralinen geben und nach dem Abkühlen und Gelieren stürzen.

Variante für den Vogelhalter

Die Flüssigkeit in Puddingförmchen füllen und nach dem Gelieren als gesunden Wackelpudding ohne künstliche Zusätze verzehren. Sehr gut für Kinder geeignet.

Punschgelee in Walnussschalen, Foto: Diana Eberhardt

Hinweis

Dieses Rezept ist präzise auf das vorab genannte Agar-Agar-Produkt zugeschnitten. Wenn Sie daheim ein anderes Geliermittel aus Agar-Agar verwenden, bereiten Sie dieses bitte gemäß der Packungsbeilage zu.

PRAXISTIPP

Sie können die heiße Flüssigkeit in ein etwas größeres Silikonförmchen füllen und kleine frische Obststückchen hinzugeben. Nach dem Abkühlen und Gelieren stürzen.

5.2 · Kokosplätzchen „Fran“

Exotisches und Bodenständiges vermischt, Foto: Diana Eberhardt

Zutaten

- 50 g Kokosraspeln
- 25 g Vollkornmehl
- 50 g Banane, zerquetscht
- 1 Keksförmchen

Backzeit: ca. 30 - 45 Minuten im vorgeheizten Backofen auf 125 °C
Ober- und Unterhitze, mittlere Schiene

Zubereitungszeit: ca. 75 - 90 Minuten

Schwierigkeitsgrad: *

Die Zutaten mit den Händen vermengen und gründlich durchkneten. Die so entstandene Masse in zehn Portionen aufteilen. Das Keksförmchen auf dem mit Backpapier ausgelegten Backblech platzieren und mit einer Portion der Masse füllen. Diese gleichmäßig hoch festdrücken. Die Keksform etwas anheben und die Masse vorsichtig unter Zuhilfenahme eines Messers nach unten herausdrücken.

Der Rostkappenpapagei erarbeitet sich die Kokosplätzchen, Foto: Diana Eberhardt

Die Backzeit ist davon abhängig, wie hart die fertig gebackenen Kekse sein sollen (kuchenartig weich oder knusprig). Die Kokosplätzchen vor dem Verzehr abkühlen lassen.

Variante für mehr Beschäftigung
Die Kokoskekse auf einem Edelstahlspieß befestigen und diesen freischwingend aufhängen, damit die Vögel für ihre Leckerei arbeiten müssen.

Variante für den Vogelhalter
Anstelle der zerquetschten Banane kann ein Ei verwendet werden. Je nach Größe des Eis eventuell etwas mehr oder weniger Vollkornmehl verwenden.

PRAXISTIPP

Wenn Sie unterschiedlich harte Kekse erhalten möchten, dann entnehmen Sie einen Teil davon bereits dem Backofen, sobald die Plätzchen gar aber noch kuchenweich sind und lassen den Rest knusprig backen.

Rosenköpfchen Fran ist ein eher schüchterner Vogel, aber wenn es ihre geliebten Kekse gibt, ist sie als Erste zur Stelle. (Stephan Worm)

Herzkekse für das Rosenköpfchen „Fran“, Foto: Stephan Worm

5.3 · Apfel im Schlafrock

Süße, gute Dinge, Foto: Diana Eberhardt

Zutaten

- ½ Apfel, in kleine Stücke geschnitten
- 20 g Banane, zerquetscht
- 12 g Sultaninen, ungeschwefelt
- 7 g Mandeln, gehackt
- 10 g kernige Haferflocken
- 1 Prise Vanille, gemahlen
- 1 Prise Ceylonzimt, gemahlen

Der Wellensittich freut sich über das leckere Gericht, Foto: Diana Eberhardt

Kochzeit: ca. 30 Minuten
Zubereitungszeit: ca. 60 Minuten
Schwierigkeitsgrad: **

Alle Zutaten gemäß der Liste vorbereiten und in einer Schüssel mit den Händen gut miteinander vermengen. Aus der Masse entstehen zwei Portionen „Apfel im Schlafrock". Jeweils eine Hälfte der Mischung mittig auf ein Blatt Backpapier (ca. 38 x 42 cm) legen. Das Papier zusammenfalten und mit den überlappenden Enden nach unten auf ein weiteres Blatt Backpapier legen. Dieses ebenfalls zusammenfalten. Somit ist die Masse paketähnlich in zwei Blätter eingewickelt. Die Enden mit Zahnstochern fixieren, welche an der Unterseite der Pakete ca. 2 - 3 cm lang herausragen müssen. Wasser fingerhoch in einen Topf einfüllen, die „Schlafröcke" hineinlegen und mit leicht gekipptem Deckel 30 Minuten lang sprudelnd kochen lassen. Gegebenenfalls zwischendurch etwas Wasser nachfüllen. Die Schlafröcke stehen durch die Zahnstocher wie auf Stelzen, wodurch das Backpapier nicht mit dem Topfboden in Berührung kommt.

Variante für mehr Beschäftigung

Größere Sittiche und Papageien können den abgekühlten (!) und nur noch lauwarmen „Apfel im Schlafrock" selbst auspacken, womit sie sinnvoll beschäftigt sind. Kleineren Sittichen oder Vögeln, die keinen Spaß oder noch keine Erfahrung mit Foraging haben, wird geholfen, indem man das Backpapier etwas öffnet.

Variante für den Vogelhalter

Uns Menschen schmeckt diese Leckerei entweder pur oder mit warmer Vanillesoße sehr gut.

Blaustirnamazone mit Apfel, Foto: Diana Eberhardt

PRAXISTIPP

Wenn Sie exotisches Essen mögen, ersetzen Sie das Backpapier durch Maisblätter in Lebensmittelqualität (für Tamales). Die Maisblätter können Sie auch Ihren Vögeln anbieten.

5.4 · Feigen-Weihnachtskugeln

Zutaten für die Leckerei, Foto: Diana Eberhardt

Zutaten

• 125 g	Feigen, getrocknet, ungeschwefelt
• 20 g	Mandeln, gehackt
• 20 g	Walnüsse, gehackt
• Einige	Kokosflocken (zum Wälzen)

Zubereitungszeit: ca. 20 Minuten
Schwierigkeitsgrad: **

Die Feigen in kleine Stücke schneiden und mit den Händen gründlich kneten. Die gehackten Mandeln und Walnüsse mit dem Pürierstab fein zerkleinern. Sämtliche Zutaten miteinander vermengen. Auch hier ist wieder Handarbeit gefragt. Aus der entstandenen Masse kleine Kugeln formen. Die Größe ist abhängig von der Größe Ihres Vogels oder Ihres eigenen Appetits. Abschließend die Weihnachtskugeln in Kokosflocken wälzen.

Achtung: sehr energiereich!

Der Grünflügelara und eine süße Feige, Foto: Diana Eberhardt

Gehaltvolle Weihnachtskugeln, Foto: Diana Eberhardt

PRAXISTIPP

Falls die Masse zu klebrig sein sollte, ist es hilfreich, diese für eine Stunde im Kühlschrank etwas fester werden zu lassen, bevor Sie daraus Kugeln formen.

5.5 · Maronen-Kartoffel-Brei

Saisonale Produkte, Foto: Diana Eberhardt

Zutaten

- 150 g Maronen mit Schale
- 250 g Kartoffeln
- 130 ml Kochwasser

Kochzeit: 20 Minuten
Zubereitungszeit: ca. 45 Minuten
Schwierigkeitsgrad: *

Kartoffeln schälen, vierteln oder halbieren (je nach Größe der Kartoffeln) und zusammen mit den Maronen 20 Minuten lang in einem Topf mit Wasser kochen. Danach durch ein Küchensieb abgießen, dabei das Kochwasser in einer Schüssel auffangen. Die Maronen schälen (einschließlich der braunen Haut). Die Kartoffeln und Maronen mit 130 ml des Kochwassers pürieren.

Variante

Durch das Pürieren der Kartoffeln ergibt sich eine kompakte und klebrige Masse. Wer es lieber lockerer mag, sollte die Kartoffeln stampfen und danach erst die pürierten Maronen mit dem Wasser hinzugeben.

Variante für den Vogelhalter:

Pikant gewürzt ergibt dieses Gericht eine leckere und wärmende Vorspeise.

Der Molukkenkakadu genießt seine Kartoffel im schattigen Baum, Foto: Diana Eberhardt

Der Rostkappenpapagei schlemmt Maronen-Kartoffel-Brei, Foto: Diana Eberhardt

PRAXISTIPP

Da einzelne Maronen verdorben sein könnten, was man allerdings erst beim Schälen feststellt, ist es sinnvoll, einige Maronen mehr zu kochen.

5.6 · Gemüse auf Rucolabett

Rucola, Blumenkohl & Co., Foto: Diana Eberhardt

Zutaten

- 350 g Blumenkohl
- 380 g Kartoffeln, gerieben
- 2 Handvoll Rucola
- 1 Zweig Rosmarin

Kochzeit: 15 - 17 Minuten
Zubereitungszeit: ca. 30 Minuten
Schwierigkeitsgrad: **

Die Kartoffeln schälen und reiben. Den Rucola abwaschen und abtropfen lassen. Den Blumenkohl säubern, in kleine Röschen aufteilen, in einen Topf mit Wasser geben und mit dem Rosmarinzweig ca. 5 Minuten lang sprudelnd kochen. Die geriebenen Kartoffeln hinzugeben und unter Rühren ca. 10 - 12 Minuten lang kochen. Danach durch ein Küchensieb abgießen und den Rosmarinzweig entfernen. Den Rucola auf einen Teller geben und das warme Kartoffelgemüse darauf anrichten.

Variante für den Vogelhalter

Mit etwas zerlassener gewürzter Butter übergossen und gegebenenfalls etwas angebratenem Schinkenspeck erhält man eine vollwertige Mahlzeit

Warm auf Kalt, Foto: Diana Eberhardt

Rucola und Rosmarin für die Mohrenkopfpapageien, Foto: Janina und Meik Mees

PRAXISTIPP

Wenn Sie etwas Farbe in das Gericht bringen möchten, können Sie auf lila/violette Kartoffeln zurückgreifen.

5.7 · Sättigendes Porridge

Zutaten für ein sättigendes Porridge, Foto: Diana Eberhardt

Zutaten
Porridge

• 80 g	zarte Vollkornhaferflocken
• 310 ml	Kokoswasser
• 50 ml	Wasser
• 40 ml	Kokosmilch
• 1 Prise	Vanille, gemahlen
• 1 Prise	Ceylonzimt, gemahlen
• 4	Macadamianüsse

Obst

Nach Bedarf	Weintrauben, kernlos
Nach Bedarf	Granatapfel
Nach Bedarf	Banane
Nach Bedarf	Orange

Kochzeit:	ca. 3 Minuten
Zubereitungszeit:	ca. 20 Minuten
Schwierigkeitsgrad:	*

Zunächst das Obst in kleine Stücke schneiden und die Macadamianüsse fein hacken. Die Haferflocken mit dem Kokoswasser, der Kokosmilch und dem Wasser aufkochen. Die Vanille sowie den Zimt hinzufügen und die Masse unter Rühren ca. 3 Minuten lang sprudelnd kochen lassen. Danach die gehackten Macadamianüsse hinzugeben und sämtliche Zutaten miteinander vermengen. Das Porridge mit dem Obst anrichten und lauwarm anbieten.

Der Graupapagei lässt sich die Weintraube schmecken, Foto: Diana Eberhardt

Variante für Vögel mit niedrigerem Energiebedarf

- Das Porridge ohne Macadamianüsse zubereiten.
- Die Kokosmilch durch Wasser oder Kokoswasser ersetzen.

Variante für den Vogelhalter

- Das Kokoswasser durch Milch ersetzen.
- Honig zum Süßen hinzufügen.

PRAXISTIPP

Wenn Ihre Vögel oder Sie es fruchtiger mögen, ersetzen Sie einen Teil oder die komplette Menge der Flüssigkeiten durch Apfelsaft.

Porridge – nicht nur für Vögel, Foto: Diana Eberhardt

5.8 · Mediterran gefülltes Gemüse

Urlaubsflair im Winter, Foto: Diana Eberhardt

Zutaten

Gemüsesud

- 2 Porreestangen
- ¼ Sellerie
- 3 - 4 Möhren

Gefülltes Gemüse

- 2 Zucchini
- 2 Tomaten
- 3 - 5 kleine Paprika (Snackpaprika)
- 75 g Couscous
- 225 - 300 ml Wasser
- Etwas frischen Thymian

Kochzeit: ca. 20 Minuten
Garzeit: ca. 50 - 60 Minuten im vorgeheizten Backofen auf 200 °C Ober- und Unterhitze, mittlere Schiene
Zubereitungszeit: ca. 75 Minuten
Schwierigkeitsgrad: ***

Das Gemüse für die Brühe schälen und grob zerkleinern. Ca. 20 Minuten lang in einem Topf mit Wasser köcheln lassen, danach abgießen und dabei das Kochwasser auffangen. Ca. 225 - 300 ml des Kochwassers über den Couscous geben und für einen Zeitraum von 10 Minuten ziehen lassen. Die Wassermenge variiert je nach Hersteller des Couscous und ob man diesen lieber fest oder lockerer genießen möchte. Etwas Thymian zerkleinern und unterrühren.

Während die Brühe kocht, die Zucchinis, Tomaten und Paprikaschoten gründlich mit warmem Wasser abwa-

Orangehaubenkakadu mit Möhre, Foto: Andrea Ottemeier

schen. Danach die Zucchinis halbieren und ein wenig aushöhlen. Den Stiel der Paprikaschoten abschneiden und die Kerne durch die Öffnung entfernen. Die Kappe von den Tomaten abschneiden, den grünen Strunk entfernen und die Tomaten aushöhlen. Das Gemüse mit dem Couscous füllen.
Den restlichen Gemüsesud ungefähr fingerhoch in eine Auflaufform geben. Die gefüllten Zucchinihälften hineinlegen, diese unter Zuhilfenahme eines Esslöffels vorsichtig mit dem Sud aus der Auflaufform übergießen und in den vorgeheizten Backofen geben. Nach 10 Minuten die gefüllten Paprikaschoten hinzugeben und alles mit dem Sud übergießen. Nach weiteren 10 Minuten die gefüllten Tomaten hinzugeben und alles erneut mit dem Sud übergießen. Nach weiteren 10 Minuten wiederholt mit dem Sud übergießen, die Auflaufform mit einer Alufolie abdecken und das Gemüse 20 - 30 Minuten abgedeckt garen lassen. Nach der Hälfte der Garzeit noch einmal mit dem Sud übergießen.

Vor dem Verfüttern abkühlen lassen, denn die Füllung ist sehr heiß!

Variante für Vogelhalter
Gemüsesud und Couscous würzen, mit reichlich Käse bestreuen und in einer separaten Auflaufform backen.

PRAXISTIPP

Das gekochte und übriggebliebene Gemüse der Sudzubereitung pürieren, in Eiswürfelbehältern einfrieren und den Vögeln bei Bedarf portionsweise aufgetaut lauwarm anbieten.

Das Wasser läuft in Schnäbeln und Mündern zusammen, Foto: Diana Eberhardt

5.9 · Mango-Kaki-Orangen-Törtchen

Zutaten für Mango-Kaki-Orangen-Törtchen,
Foto: Diana Eberhardt

Zutaten für das Fruchtmus

- 100 g Mango, püriert
- 50 g Kaki, püriert
- 20 ml Orangensaft

Zutaten für das Törtchen

- 25 g Haselnüsse, gemahlen
- 25 g Vollkornmehl
- 10 ml Wasser

Kochzeit: ca. 2 Minuten (Fruchtmus)

Backzeit: 10 - 15 Minuten im vorgeheizten Backofen bei 175 °C

Ober- und Unterhitze, mittlere Schiene (Törtchen)

Zubereitungszeit: ca. 45 Minuten

Schwierigkeitsgrad: **

Unwiderstehliche Süßigkeit, Foto: Diana Eberhardt

Zubereitung Fruchtmus
Die Kaki und die Mango schälen, in Stücke schneiden und pürieren. Danach wird das Fruchtmus zusammen mit dem Orangensaft ca. 2 Minuten lang unter Rühren sprudelnd aufgekocht.

Zubereitung Törtchen
Die Zutaten mit den Händen gut vermengen und dann zu zwei Körbchen formen. Dies funktioniert sehr leicht, indem eine Muffinform mit dem Teig auskleidet wird. Wer keine zur Hand hat, kann ein kleines Glas zur Hilfe nehmen, um das der Teig festdrückt wird. Das Glas anschließend vorsichtig entfernen. Nun die beiden Törtchen backen.

Das Fruchtmus wird in die etwas abgekühlten Törtchen gefüllt und noch lauwarm serviert.

Variante für Vögel mit niedrigerem Energiebedarf
Die Haselnüsse durch Vollkornmehl ersetzen.

Variante für den Vogelhalter
Mit frisch geschlagener Sahne ist dieses Dessert ein Genuss.

Mit leckerer Mango sitzt der hyperaktive Kea ausnahmsweise still, Foto: Andrea Ottemeier

PRAXISTIPP

Kakis sollten nur in reifem Zustand angeboten bzw. verarbeitet werden, da unreife Früchte einen hohen Gehalt an Tanninen haben.

Närrische Jahreszeit - Fun Food

Essen und Trinken bereitet Freude, Foto: Diana Eberhardt

6.1 · Pizza

Zutaten für die Pizza, Foto: Diana Eberhardt

Zutaten für den Belag

Nach Bedarf	Brokkoli
Nach Bedarf	Maiskörner, frisch
Nach Bedarf	Zucchini
Nach Bedarf	Fenchel
Nach Bedarf	Paprika
Nach Bedarf	Peperoni
Nach Bedarf	Tomaten, passiert

Zutaten für den Pizzateig

- 50 g Vollkornmehl
- 25 - 30 ml Wasser

Kochzeit: 3 - 4 Minuten (Pizzabelag)
Backzeit: ca. 20 Minuten im vorgeheizten Backofen auf 200 °C Ober- und Unterhitze, mittlere Schiene (Pizzaboden)

Zubereitungszeit: ca. 45 Minuten
Schwierigkeitsgrad: **

Zubereitung Belag

Einzelne Brokkoliröschen herauslösen und mit warmem Wasser gründlich säubern. Einige Maiskörner mit einem scharfen Messer vom Kolben trennen. Die Zucchini schälen und in Stücke schneiden. Den Fenchel schälen und in Ringe schneiden. Danach das gesamte Gemüse ca. 3 - 4 Minuten lang in einem Topf mit Wasser dünsten. In der Zwischenzeit die Paprika schälen und in kleine Stücke schneiden. Die Peperoni in dünne Scheiben schneiden.

Zubereitung Pizzaboden

Die Zutaten mit den Händen gut verkneten, einen Pizzateig formen und anschließend backen. Zum Schluss die passierten Tomaten auf dem Pizzateig ausstreichen und diesen mit dem Gemüse belegen.

Variante für Vögel mit höherem Energiebedarf

Kokosflocken oder -raspeln als Käseersatz über den Belag streuen.

Variante für den Vogelhalter

Der Teig wird wie folgt etwas abgeändert:

- 200 g Mehl
- 100 - 120 ml Wasser
- ½ Packung Trockenhefe
- 2 Esslöffel Öl
- 1 Teelöffel Salz

Im Gegensatz zur Pizza für die Vögel wird der Belag nach persönlichem Geschmack bereits vor dem Backen auf dem Teig verteilt. Die Backzeit bleibt bestehen.

Anmerkung der Autorin zum Foto
Bitte niemals Weißbauchpapageien (Rostkappen- und Grünzügelpapageien) zusammen mit Wellensittichen halten. Dass diese Konstellation im Haushalt der Autorin harmonisch funktioniert, ist ein absoluter Ausnahmefall und sollte auf keinen Fall zur Nachahmung anreizen!

Wenn es Pizza gibt, strahlen auch die Vogelaugen, Foto: Diana Eberhardt

PRAXISTIPP

Die Teigmenge ist so bemessen, dass sowohl die kleine Pizza für die Vögel als auch die größere für die Vogelhalter zusammen auf ein Backblech passen.

6.2 · Kartoffelchips

Vorbereitungen, Foto: Diana Eberhardt

Zutaten

- 1 Kartoffel, klein, festkochend

Garzeit: ca. 4 - 6 Minuten bei 700 Watt in der Mikrowelle

Zubereitungszeit: ca. 15 Minuten
Schwierigkeitsgrad: *

Die Kartoffel schälen, mit einem Gemüsehobel oder Sparschäler in dünne Scheiben schneiden und mit etwas Abstand zueinander auf einem Schaschlikspieß oder Essstäbchen aufspießen. Die Stäbchen nun mit den Enden auf dem Rand eines Suppentellers auflegen und diesen in die Mikrowelle stellen.

Achtung: Die Garzeit ist abhängig vom jeweiligen Mikrowellengerät und der Dicke der Kartoffelscheiben. Bitte während des Garens den Bräunungsgrad beobachten.

Inkakakadu mit gekochtem Erdapfel, Foto: Diana Eberhardt

PRAXISTIPP

Die Spieße bzw. Essstäbchen so platzieren, dass die Kartoffelscheiben den Teller möglichst nicht berühren.

Couch-Potato-Rostkappenpapagei, Foto: Diana Eberhardt

6.3 · Gemüsespaghetti

Zutaten für Gemüsespaghetti, Foto: Diana Eberhardt

Zutaten

• 1	Zucchini, klein
• 1	Möhre
Nach Bedarf	Mandeln, gemahlen
Nach Bedarf	Tomaten, passiert

Kochzeit:	ca. 4 Minuten
Zubereitungszeit:	ca. 20 Minuten
Schwierigkeitsgrad:	*

Die Zucchini und die Möhre schälen. Mit Hilfe eines Spiralschneiders „Spaghetti" herstellen. Diese ca. 4 Minuten lang in einem Topf mit Wasser kochen, etwas abkühlen lassen und den Vögeln lauwarm anbieten.

Variante für „echte" Spaghettifans unter den Vögeln

Die Gemüsespaghetti mit passierten Tomaten übergießen. Vögel mit einem höheren Energiebedarf dürfen ein wenig gemahlene Mandeln über die Soße gestreut bekommen. Dadurch sieht dieses Gericht einer echten Portion Spaghetti Napoli mit Parmesankäse für den Vogelhalter sehr ähnlich.

Variante für mehr Beschäftigung

Die rohen ungekochten Gemüsespaghetti in einen sogenannten „Buffet Ball" füllen. Hierbei handelt es sich um einen Ball aus klarem Acryl mit Löchern, aus denen die Vögel die Spaghetti herausziehen müssen.

Variante für den Vogelhalter

Die gedünsteten Gemüsespaghetti schmecken mit etwas Pflanzenöl, Kräutern, Salz und Pfeffer abgeschmeckt sehr gut als Vorspeise oder mit einer warmen Soße als Beilage zum Hauptgericht.

Leckere Möhre für den Nymphensittich, Foto: Petra Schröder

PRAXISTIPP

Sie können die Zucchini auch ungeschält verarbeiten, müssen diese allerdings vorher gründlich mit warmem Wasser reinigen.

Drei Varianten der Gemüsespaghetti, Foto: Diana Eberhardt

6.4 · Knuspriges Fruchtkonfetti

Noch sind die Früchte saftig ..., Foto: Diana Eberhardt

Zutaten

- Orange
- Erdbeeren
- Kiwi
- Feige
- Papaya
- Apfel
- Himbeeren
- Mango

Trockenzeit: 6 - 10 Stunden auf ca. 60 °C Ober- und Unterhitze, mittlere Schiene
Zubereitungszeit: 6,5 - 10,5 Stunden
Schwierigkeitsgrad: *

Die frischen Zutaten - soweit möglich - schälen oder alternativ mit warmem Wasser gründlich reinigen, von den Kernen bzw. Steinen befreien und danach in kleine Stücke schneiden. Die anschließende Trockenzeit ist abhängig vom Wassergehalt und von der Größe der Stückchen. Diese sollten nach dem Trocknen nicht mehr feucht sein.

Blauscheitel-Edelpapagei mit Apfel, Foto: Andrea Ottemeier

Variante im Backofen

Den Rost mit einem Blatt Backpapier auslegen und die Stückchen darauf verteilen. Ein Holzlöffel muss oben zwischen Ofen und Tür geklemmt werden, damit die Tür einen kleinen Spalt geöffnet bleibt und dadurch die Feuchtigkeit abziehen kann. Die Stückchen ab und zu wenden. Ein Heißluftherd ist von Vorteil, weil in diesem mehrere Backroste mit Trockenobst oder -gemüse gleichzeitig zubereitet werden können. Die Ofentür kann dann komplett geschlossen bleiben. Der Holzlöffel ist unnötig.

Variante im Dörrapparat

Bitte die Frischkost gemäß der Gebrauchsanweisung trocknen.

Einmal gemischt, bitte, Foto: Diana Eberhardt

PRAXISTIPP

Wer regelmäßig Früchte, Gemüse oder Kräuter trocknen möchte, sollte sich einen Dörrapparat zulegen. Dieser verbraucht wesentlich weniger Strom als ein Backofen.

6.5 · Sesam-Peperoni-Snack "Kiwi"

Herzhafte Zutaten für einen gesunden Snack,
Foto: Diana Eberhardt

Zutaten

- 100 g Vollkornmehl
- 75 ml Wasser, warm
- 40 g Sesam
- 1 Peperoni

Backzeit: 15 - 20 Minuten im vorgeheizten Backofen auf 175 °C
Ober- und Unterhitze, mittlere Schiene

Zubereitungszeit: ca. 45 Minuten

Schwierigkeitsgrad: *

Die Peperoni pürieren, die anderen Zutaten hinzufügen und mit den Händen miteinander vermengen. Die Masse wird auf ein mit Backpapier ausgelegtes Backblech gestrichen. Dann ein zweites Blatt Backpapier auflegen und die Masse mit einem Nudelholz fest ausrollen, sodass der Teig ca. 2 mm dick ist. Das obere Backpapier entfernen, die Snacks in Stücke schneiden und backen. Die Backzeit ist abhängig von der Dicke des Teigs. Eventuell muss die Backzeit etwas verlängert werden. Die Snacks sollten gut durchgehärtet und kross sein.

Springsittich Kiwi mag es, wenn es beim Futtern knuspert. (Meik Mees)

Springsittich "Kiwi" lässt es sich schmecken,
Foto: Janina und Meik Mees

Handlich, knusprig und scharf, Foto: Diana Eberhardt

PRAXISTIPP

Die für dieses Rezept benötigte Peperoni lässt sich sehr leicht pürieren, indem man die Schote mit dem benötigten warmen Wasser übergießt und dann den Pürierstab verwendet.

Getränke

Prost, Foto: Diana Eberhardt

Kapitel 7

7.1 · Tee

Immer nur Wasser wird schnell langweilig. Selbstverständlich freuen sich Ihre kleinen Lieblinge auch über etwas Abwechslung. Allerdings ist es wichtig, stets zusätzlich einen Napf mit klarem Wasser zur freien Verfügung zu halten.

Salbei, Pfefferminze, Ringelblume, Fenchelsamen, Sternanis, Foto: Diana Eberhardt

Die Welt der Tees ist sehr vielfältig. Bitte achten Sie unbedingt darauf, dass Sie keine koffeinhaltigen Tees verwenden.

7.1.1 · Kräutertees

Bitte beachten!
Kräuter besitzen in der Regel eine Heilwirkung und werden deshalb als Medizin eingesetzt. Daher bitte gesunden Vögeln als Erfrischung nur mit Wasser verdünnte Kräutertees anbieten.

Auswahl an Kräutertees

- Artischocke
- Fenchel
- Himbeerblätter
- Echte Kamille
- Koriander
- Löwenzahnblätter
- Malve
- Mariendistel
- Oregano
- Pfefferminze
- Rooibos
- Sternanis
- Thymian
- Wiesen-Schafgarbe

PRAXISTIPP

Tees lassen sich am einfachsten zubereiten, indem man Tee-Eier aus Edelstahl benutzt und diese vor dem Trinkgenuss entfernt. Die Tees vor dem Anbieten etwas abkühlen lassen.

Frische Löwenzahnblätter für die Blaustirnamazone, Foto: Diana Eberhardt

7.1.2 · Sonstige Tees

Die nachfolgend aufgeführten Tees kennt so mancher Halter aus seiner Kindheit.

Auswahl an weiteren Teesorten

- Früchtetee (Dieser kann auch aus Dörrobst hergestellt werden, siehe Kapitel 6.4 „Knuspriges Fruchtkonfetti“.)
- Hibiskustee
- Hagebuttentee
- Hagebuttentee mit Hibiskus
- Ingwertee (Frischen Ingwer schälen, in Scheiben schneiden, mit kochendem Wasser aufgießen, ziehen lassen und vor dem Verzehr die Ingwerscheiben entfernen.)

Ingwerwasser, Foto: Diana Eberhardt

Prächtige Hibiskusblüte, Foto: Diana Eberhardt

7.2 · Kreativ-Smoothies

Bei der Zubereitung der Smoothies sind Ihrer Fantasie keine Grenzen gesetzt, weshalb Sie in diesem Kapitel kreativ sein können. Probieren Sie aus, welche Kombinationen Ihren gefiederten Freunden und Ihnen schmecken. Falls Sie Früchte verwenden, die einen niedrigen Wassergehalt haben, kann es vorkommen, dass die Smoothies zu dickflüssig geraten. Geben Sie dann etwas Wasser, Fruchtsaft oder Kokoswasser hinzu.

Nachfolgend finden Sie einige Anregungen. Ich habe bewusst auf Mengenangaben verzichtet, damit Sie nach Herzenslust ausprobieren können.

Bitte beachten!

Die Smoothies sollten möglichst direkt nach der Zubereitung verzehrt werden, können aber spätestens bis zum nächsten Tag im Kühlschrank aufbewahrt werden. Schütteln Sie die Getränke gründlich vor dem Servieren, da sich Schwebstoffe absetzen.

PRAXISTIPP

Die Smoothies können praktischerweise in Eiswürfelbehältern eingefroren und bei Bedarf portionsgerecht aufgetaut werden.

Smoothie bestehend aus Birne, Kiwi, Banane, Basilikum, Kokoswasser, Foto: Diana Eberhardt

7.2.1 Exotisches Grün

Zutaten

- Birne
- Kiwi
- Banane
- Basilikum
- Kokoswasser

Die Früchte schälen und das Kerngehäuse der Birne entfernen. Das Basilikum mit warmem Wasser abwaschen. Die Zutaten mengenmäßig nach persönlichem Geschmack zusammenstellen und pürieren.

PRAXISTIPP

Einige Blättchen Basilikum sind ausreichend, um einen mediterranen Geschmack zu erhalten.

7.2.2 Beeriges Rot

Smoothie bestehend aus Johannisbeeren, Himbeeren, Apfel(saft), Foto: Diana Eberhardt

Zutaten

- Johannisbeeren
- Himbeeren
- Apfel(saft)

Die Früchte gründlich abwaschen. Das Kerngehäuse des Apfels entfernen, falls kein Saft verwendet wird. Die Zutaten mengenmäßig nach persönlichem Geschmack zusammenstellen und pürieren.

PRAXISTIPP

Um einen „glatten" Smoothie zu bekommen, kann dieser nach der Zubereitung durch ein Küchensieb gestrichen werden. Ihre Vögel freuen sich über die dadurch übrig gebliebenen Kerne als zusätzliche Knabberei.

Grünzügelpapagei mit leuchtenden Johannisbeeren, Foto: Bianca Green

7.2.3 · Scharfes Grün

Smoothie bestehend aus Salatgurke, Stangensellerie, Apfel, Peperoni, Foto: Diana Eberhardt

Zutaten

- Salatgurke
- Stangensellerie
- Apfel
- Peperoni

Die Salatgurke und den Stangensellerie schälen. Den Apfel ebenfalls schälen und das Kerngehäuse entfernen. Die Peperoni mit warmem Wasser abwaschen. Alle Zutaten mengenmäßig nach persönlichem Geschmack zusammenstellen und pürieren.

PRAXISTIPP

Dosieren Sie Stangensellerie vorsichtig, da dieser sehr dominant im Geschmack ist. Wer empfindlich auf scharfe Gerichte reagiert, kann den Smoothie auch ohne Peperoni zubereiten.

Ein Stückchen Gurke zum Knabbern für den Nymphensittich, Foto: Petra Schröder

Beim Apfel kann der junge Goldbugpapagei nicht widerstehen, Foto: Raphael Matern

7.2.4 · Aromatisches Tiefrot

•

Smoothie bestehend aus Banane, Apfel(saft), Blaubeeren, Kirschen, Foto: Diana Eberhardt

Zutaten

- Banane
- Apfel(saft)
- Blaubeeren
- Kirschen

Die Blaubeeren und Kirschen mit warmem Wasser abwaschen und die Kirschen entsteinen. Die Banane schälen. Den Apfel schälen und das Kerngehäuse entfernen, falls kein Saft verwendet wird. Die Zutaten mengenmäßig nach persönlichem Geschmack zusammenstellen und pürieren.

PRAXISTIPP

Eine Verwendung aller Zutaten im gleichen Verhältnis zueinander ergibt einen süßen Smoothie, den nicht nur Vögel, sondern auch Kinder sehr gern mögen.

7.2.5 · Leuchtendes Orange

Smoothie bestehend aus Möhren(saft), Orange, Passionsfrucht, Foto: Diana Eberhardt

Dieser Wellensittich nutzt die Möhre als Sitzgelegenheit, Foto: Diana Eberhardt

Zutaten

- Möhrensaft
- Orangensaft
- Passionsfrucht

Das Fruchtfleisch der Passionsfrucht mit einem Löffel aus der Schale herauslösen. Sämtliche Zutaten mengenmäßig nach persönlichem Geschmack zusammenstellen.

PRAXISTIPP

Die Passionsfrucht reguliert bei diesem Smoothie die Säure. Je mehr Sie von dieser Frucht hinzugeben, desto saurer wird das Getränk.

7.2.6 · Erfrischendes Minzgrün „Lora“

Zutaten

- Weintrauben
- Orangen
- Pfefferminze

Die Weintrauben und die Pfefferminze mit warmem Wasser abwaschen. Die Orangen schälen und die weiße Haut sowie die Kerne entfernen. Die Zutaten mengenmäßig nach persönlichem Geschmack zusammenstellen und pürieren.

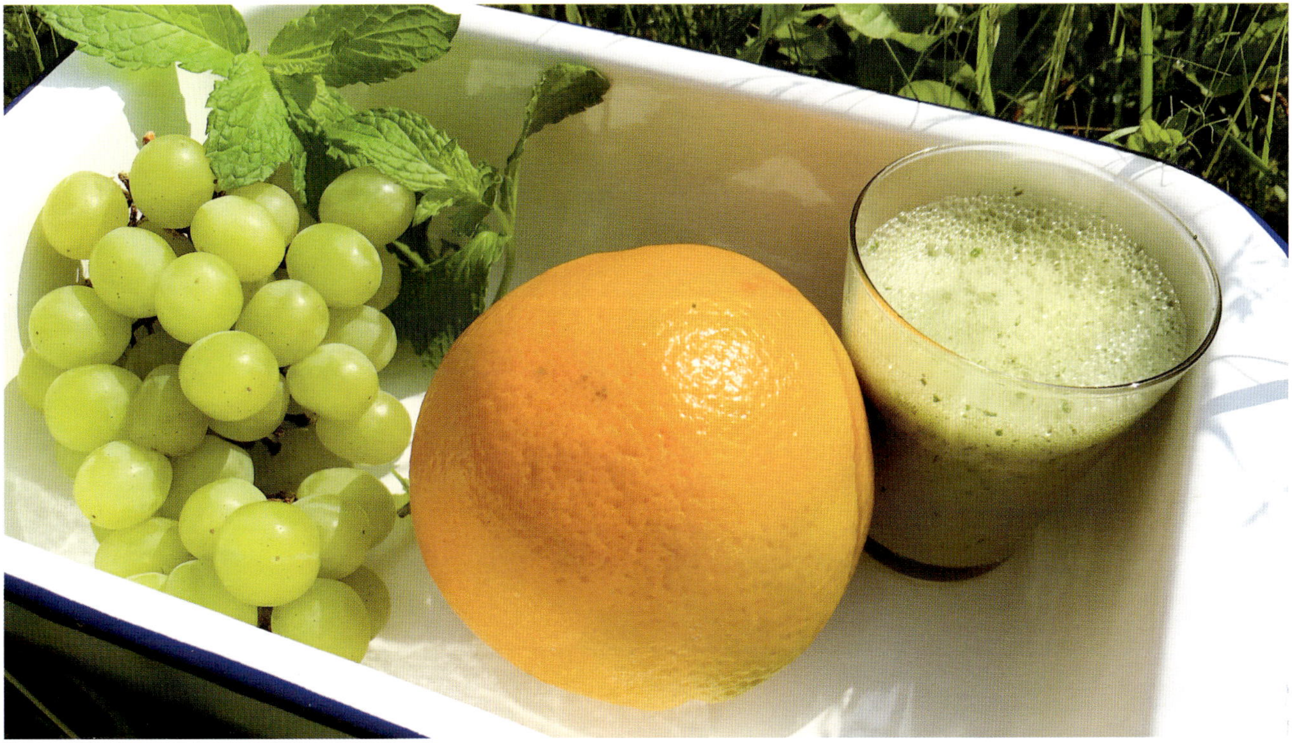

Smoothie bestehend aus Weintrauben, Orangen, Pfefferminze, Foto: Diana Eberhardt

PRAXISTIPP

Sie müssen bei diesem Smoothie nicht mit der Pfefferminze geizen. Diese sorgt für einen frischen Geschmack.

Eine grüne Weintraube für die grüne Gelbscheitelamazone „Lora“, Foto: Papageienzucht Schauberger

7.2.7 · Süßes Rot

Smoothie bestehend aus Wassermelone, Apfel, Erdbeeren, Foto: Diana Eberhardt

Gebirgsloris und Erdbeeren: Leuchtkraft, Foto: Diana Eberhardt

Zutaten

- Wassermelone
- Apfel
- Erdbeeren

Die Schale der Wassermelone und die Kerne entfernen, den Apfel schälen und das Kerngehäuse entfernen. Die Früchte mengenmäßig nach persönlichem Geschmack zusammenstellen und pürieren.

PRAXISTIPP

Die Kerne der Wassermelone können Sie Ihren Vögeln als Knabberei anbieten. Dieser Smoothie eignet sich hervorragend, um daraus Wassereis für sich und Ihre Vögel herzustellen.

7.2.8 · Pikantes Orange

Smoothie bestehend aus Paprika, Möhrensaft, Salatgurke, Foto: Diana Eberhardt

Gelbhaubenkakadu Ton in Ton mit der Paprika, Foto: Andrea Ottemeier

Zutaten

- Paprika
- Salatgurke
- Möhrensaft

Das Gemüse schälen und zusätzlich die Kerne der Paprika entfernen. Die Zutaten mengenmäßig nach persönlichem Geschmack zusammenstellen und pürieren.

PRAXISTIPP

Ein wenig Tabasco oder Salz und Pfeffer machen diesen Smoothie für uns Menschen noch pikanter.

7.2.9 · Gesprenkeltes Grün

Zutaten

- Pflücksalat
- Mango
- Birne(nsaft)
- Banane

Den Pflücksalat mit warmem Wasser säubern und die Banane schälen. Die Birne schälen und das Kerngehäuse entfernen, falls kein Birnensaft verwendet wird. Die Mango schälen und deren Stein entfernen. Die Früchte und den Salat mengenmäßig nach persönlichem Geschmack zusammenstellen und pürieren.

Smoothie bestehend aus Pflücksalat, Mango, Birne(nsaft), Banane, Apfelsaft, Foto: Diana Eberhardt

PRAXISTIPP

Optional kann frischer Apfelsaft hinzugegeben werden, um mit dessen Süße den herben Geschmack des Salats auszugleichen.

Junge Mohrenkopfpapageien mit einem saftigen Apfel, Foto: Janina und Meik Mees

Farbenfrohes Getränk für den Wellensittich, Foto: Diana Eberhardt

7.3 · Sonstige Getränke

Nachfolgend finden Sie eine Auswahl an weiteren Getränken.

Bitte beachten!
Greifen Sie möglichst auf hochwertige Bioqualität zurück.

- 100 %ige Fruchtsäfte ohne Zusätze, z. B. Apfel- oder Orangensaft, pur oder mit Wasser verdünnt
- 100 %ige Gemüsesäfte ohne Zusätze, z. B. Möhrensaft, pur oder mit Wasser verdünnt
- Kokoswasser
- Reine Mandel-, Kokos- oder Hafermilch (ohne Zusätze)
- Weizengrassaft
- Sud von gekochtem Gemüse

Nachwort

Nun sind Sie fast am Schluss dieses etwas unkonventionellen Kochbuchs angelangt. Ich hoffe, die Freude am Experimentieren mit Lebensmitteln ist in Ihnen geweckt worden. Es wäre schön, wenn sich der Speiseplan Ihrer Sittiche oder Papageien erweitern würde und Sie mit ihnen gemeinsame unbeschwerte Mahlzeiten genießen könnten. In Gesellschaft schmeckt es einfach besser.

An dieser Stelle möchte ich mich herzlich bei Andrea Ottemeier, Gaby Schulemann-Maier, Petra Schröder, Bianca Green, Papageienzucht Schauberger, Raphael Matern, Stephan Worm, Isabell Ziermann sowie Janina und Meik Mees für das Bildmaterial bedanken, welches mir freundlicherweise für dieses Buch überlassen wurde. Petra Wüst ist eine hervorragende Lektorin. Ein Dankeschön geht an Familie Rückemann vom „Papageienhof Dreiländereck“ für die Erlaubnis und das Vertrauen, in deren Volieren den Großteil der Außenaufnahmen durchzuführen. Dem Arndt-Verlag, speziell René Wüst und Thorsten Gerke, danke ich dafür, dass ich bei der Gestaltung dieses Buches erneut freie Hand hatte und meine Ideen umsetzen durfte.

Oscar wünscht „Guten Appetit!“, Foto: Diana Eberhardt

Impressum

Eberhardt, Diana

Kreatives Kochen für Papageien,
Sittiche & Menschen

Selbstgemachte Leckereien, die Vogelhaltern
und Gefiederten Freude bereiten!

1. Auflage (2020)
Arndt-Verlag e. K., Bretten
ISBN: 978-3-945440-59-9

© Arndt-Verlag e. K., Bretten
(www.arndt-verlag.de)

Gesamtgestaltung: Birgit Bautz-Schäfer
Sprachlektorat: Petra Wüst

Gedruckt in der EU

Bildnachweis: siehe Fotos
Titelfotos: Diana Eberhardt

Der Arndt-Verlag ist seit über 30 Jahren marktführend bei Publikationen über Vogelhaltung und Vogelzucht. Mit eigenen Zeitschriften **PAPAGEIEN, Gefiederte Welt, WP Wellensittich & Papageien Magazin,** einem **Fachbuchprogramm** sowie einer eigenen **Poster- und Kalenderserie**. Zudem wird ein umfangreiches **Buchsortiment** zur Vogelhaltung geführt, siehe: **www.arndt-verlag.de/shop.**

Rechtliche Hinweise
Das Buch ist urheberrechtlich geschützt. Jede Verwertung in Gänze oder in Teilen ist ohne schriftliche Genehmigung des Verlages unzulässig und strafbar. Dies gilt insbesondere für Vervielfältigungen, Übersetzungen und die Einspeicherung sowie Verbreitung in digitalen/elektronischen Systemen einschließlich des Internets und Social-Media-Plattformen.

Alle Angaben im Buch sind sorgfältig überprüft worden. Dennoch können der Verlag und seine Mitarbeiter, der Herausgeber und der Autor des Buches keine Garantie übernehmen. Jegliche Haftung für Schäden und Folgen, die sich im Zusammenhang mit dem Gebrauch dieses Buch bzw. seiner Inhalte ergeben sind ausgeschlossen. Eventuell gezeigte oder erwähnte Produkte/Marken sind nur exemplarisch zur Veranschaulichung von Sachverhalten aufgeführt. Die Aufführungen verstehen sich nicht als Verwendungsempfehlung oder Werbung.

Literaturverzeichnis

Arndt, Thomas (1990-1996, 2001): Lexikon der Papageien. Bretten

Bender, Georg, Degener, Sabine (2019): Gesundheitsvorsorge mit Futter aus der Natur, Wellensittich & Papageien-Magazin, Ausgabe 6/2019, S. 20-25

Brack, Simone (2019): Das Pflanzenlexikon: Wiesen-Schafgarbe, Wellensittich & Papageien-Magazin, Ausgabe 4/2019, S. 16

Brack, Simone (2019): Das Pflanzenlexikon: Echte Kamille, Wellensittich & Papageien-Magazin, Ausgabe 5/2019, S. 22

Brendieck-Worm, Cäcilia, Klarer, Franziska, Stöger, Elisabeth (2018): Heilende Kräuter für Tiere. Bern

Crean, Jason J. (2015): Der Gebrauch von Tee in der Vogelhaltung, Wellensittich & Papageien Magazin, Ausgabe Mai/Juni 2015, S. 40-44

Crean, Jason J. (2018): Vogelernährung: Zurück zu den Wurzeln, Wellensittich & Papageien Magazin, Ausgabe 6/2018, S. 6-10

Eberhardt, Diana (2019): Schlemmertipps für Sittiche und Papageien: Schneebälle, Wellensittich & Papageien Magazin, Ausgabe 1/2019, S. 36-37

Eberhardt, Diana (2019): Haltung von Weißbauchpapageien. Bretten

Künne, Hans-Jürgen (2000): Die Ernährung der Papageien und Sittiche. Bretten

Kummerfeld, Norbert (2018): Vergiftungen durch Antihaftbeschichtungen bei kleinen Ziervögeln, PAPAGEIEN, Sonderheft Ernährung, S. 65-67

Lineva, Anna (2018): Zur Ernährung von Graupapageien in natürlicher Umgebung und in menschlicher Obhut, PAPAGEIEN Sonderheft „Ernährung“, S. 34-39

Oftring, Bärbel, Wolf, Petra (2019): Vogelfutterpflanzen aus Natur und Garten. Bretten

Padrón, Rafael Zamora (2018): Früchte für unsere Papageien – wie wichtig sind sie?, Wellensittich & Papageien Magazin, Ausgabe 4/2018, S. 10-12

Reinschmidt, Matthias (2004): Blüten als Ergänzungsfutter für Loris, PAPAGEIEN, Ausgabe 8/2004, S. 266-267

Schnabl, Hermann (1998): Vogelfutterpflanzen. Bretten

Stieger, Jasmin (2019): Kräutertees für Vögel, Wellensittich & Papageien Magazin, Ausgabe 3/2019, S. 58-60

Träger, Nicola (2018): Das Pflanzenlexikon: Die Gurke, Wellensittich & Papageien Magazin, Ausgabe 2/2018, S. 27

Träger, Nicola (2019): Das Pflanzenlexikon: Rote Bete, Wellensittich & Papageien Magazin, Ausgabe 1/2019, S. 48

Wapelhorst, Xaver (2018): Frucht- und Gemüsesäfte für Vögel, Wellensittich & Papageien Magazin, Ausgabe 6/2018, S. 12-13

Wolf, Petra (2018): PAPAGEIEN, Sonderheft "Ernährung"

Würth, Volker (2013): Obst, Gemüse und exotische Früchte für Papageien und Sittiche. Bretten